本著作受河南省哲学社会科学规划项目"生态法治安全观指导下南水北调高质量发展的风险防控机制研究"（2022BFX016）、"南水北调中线工程水源区生态保护和高质量发展协同治理的法治保障研究"（2024BFX019）、《环境资源法》河南省一流课程、河南省智慧教学专项项目基金资助。

# 农村生态环境多元共治主体协同治理的实现机制

郭 欣◎著

汕头大学出版社

图书在版编目（CIP）数据

农村生态环境多元共治主体协同治理的实现机制 / 郭欣著． -- 汕头：汕头大学出版社，2025．6． -- ISBN 978-7-5658-5596-2

Ⅰ．X322.2

中国国家版本馆CIP数据核字第2025M4A609号

## 农村生态环境多元共治主体协同治理的实现机制
NONGCUN SHENGTAIHUANJING DUOYUAN GONGZHI ZHUTI XIETONG ZHILI DE SHIXIAN JIZHI

著　　者：郭　欣
责任编辑：郭　炜
责任技编：黄东生
封面设计：寒　露
出版发行：汕头大学出版社
　　　　　广东省汕头市大学路243号汕头大学校园内　邮政编码：515063
电　　话：0754-82904613
印　　刷：定州启航印刷有限公司
开　　本：710 mm×1000 mm　1/16
印　　张：16.75
字　　数：230千字
版　　次：2025年6月第1版
印　　次：2025年6月第1次印刷
定　　价：98.00元
ISBN 978-7-5658-5596-2

版权所有，翻版必究

如发现印装质量问题，请与承印厂联系退换

# 前言

"绿水青山就是金山银山""美丽中国要靠美丽乡村打基础",党中央一直高度重视农村生态环境问题,将"生态宜居"纳入乡村振兴战略总体要求,在乡村振兴战略下对农村人与自然的关系提出了新要求。2018年,中央一号文件明确了"乡村振兴,生态宜居是关键。良好生态环境是农村最大优势和宝贵财富"。2021年,"十四五"开局之年对战略实施进行了深化,并细化到2025年"农村生产生活方式绿色转型取得积极进展,化肥农药使用量持续减少,农村生态环境得到明显改善"的阶段性目标。农村良好的生态环境越来越成为乡村振兴及农村地区经济发展的关键点。

第一章绪论部分介绍了本书的研究背景及研究意义,对国内外相关研究领域的成果进行了梳理,对全书的研究思路进行了设计,引出所研究的问题。第二章对农村生态环境治理的基本情况进行了分析,剖析了农村生态环境的状况,梳理国内外农村生态环境治理的经验,进而提出进行农村生态环境协同治理的必要性。第三章梳理了农村生态环境多元共治主体协同治理的相关概念,对研究中所涉及的主要概念进行精确界定。第四章阐释了农村生态环境多元共治主体协同治理的相关理论,为研究奠定重要的理论基础。第五章剖析了农村生态环境多元共治主体协同治理的制约因素,主要分为政策工具、协同治理观念、协同治理主体、协同治理机制四个层面。第六章挖掘农村生态环境多元共治主体协同治理的四个驱动因素,环境政策的根本保障、核心主体的协同助推、其他主体的认同及参与、大数据技术赋能。第七章从五个层面着重阐明了农村生态环境多元共治主体协同治理的具体实践。

本书最大特点有以下几个方面。首先，在内容设置上紧跟时代发展所需，密切关注本学科前沿动态，将最新的理论研究成果与实际案例进行结合，使读者能从更全面、更多元的视角了解农村生态环境多元共治主体协同治理的最新趋势及挑战。其次，本书在结构上进行了精心的设计，既对理论部分内容进行系统阐释，也对具体实践案例进行深度剖析，使读者能更系统、更全面、更清晰地掌握农村生态环境多元共治主体协同治理相关问题。最后，本书从多个层面对农村生态环境多元共治主体协同治理实现机制进行了深入探讨，为相关领域的研究人员及从业者提供了有价值的参考借鉴。

由于笔者时间和水平有限，书中难免存在不足之处，恳请广大读者批评指正，以便笔者在未来的研究中不断完善和提高。相信本书能为读者带来一些新的思考和启示，同时为读者的事业和生活带来更多的指导与帮助。

# 目 录

**第一章 绪 论** ················································· 1
 第一节 研究背景及意义 ································ 3
 第二节 国内外研究进展 ································ 6
 第三节 研究设计 ········································· 24

**第二章 农村生态环境治理基本情况分析** ·········· 29
 第一节 农村生态环境状况剖析 ····················· 31
 第二节 国内外农村生态环境治理经验 ············ 60
 第三节 农村生态环境协同治理的必要性 ········· 70

**第三章 农村生态环境多元共治主体协同治理相关概念梳理** ······ 77
 第一节 农村生态环境的概念界定 ·················· 79
 第二节 生态环境治理的概念界定 ·················· 80
 第三节 多元共治的概念界定 ························· 83
 第四节 协同治理的概念界定 ························· 86

**第四章 农村生态环境多元共治主体协同治理的理论基础** ······ 89
 第一节 协同治理理论 ·································· 91
 第二节 整体性治理理论 ······························ 106
 第三节 多中心治理理论 ······························ 118
 第四节 生态环境与经济协调发展理论 ·········· 130

**第五章 农村生态环境多元共治主体协同治理的制约因素** ······ 135
 第一节 政策工具层面 ································ 137

第二节　协同治理观念层面……………………………………141
　　第三节　协同治理主体层面……………………………………144
　　第四节　协同治理机制层面……………………………………150

第六章　农村生态环境多元共治主体协同治理的驱动因素………155
　　第一节　环境政策的根本保障…………………………………157
　　第二节　核心主体的协同助推…………………………………159
　　第三节　其他主体的认同及参与………………………………166
　　第四节　大数据技术赋能………………………………………178

第七章　农村生态环境多元共治主体协同治理的具体实践………183
　　第一节　树立协同治理理念……………………………………185
　　第二节　培育多元共治主体……………………………………190
　　第三节　构建协同治理平台……………………………………196
　　第四节　建设并完善协同治理相关机制………………………204
　　第五节　打通农村生态环境治理法治化路径…………………213

参考文献………………………………………………………………246

附录　我国农村生态环境状况调查问卷……………………………259

# 第一章　绪　论

第一章 绪 论

## 第一节 研究背景及意义

### 一、研究背景

自改革开放之后，我国经济有了长足发展，国内生产总值从1978年的3645.2亿元迅速提升至2023年的129.4万亿元。但经济快速增长也给资源和环境带来了诸多影响。如今，生态破坏和环境污染已成为影响我国经济持续快速发展的一个关键性因素。

自20世纪80年代以来，我国农村生态破坏和环境污染情况日益明显。进入21世纪后，农村生态环境依然面临着严峻的挑战。2008—2013年，彼时环境保护部（现为生态环境部）在"土地与农村环境"质量报告中提到，农村环境保护依然面临诸多挑战，点源污染与面源污染同时存在，生活污染与工业污染双重叠加，新、老污染问题交织在一起；城市污染与工业污染向农村转移，影响到农村饮水安全和农产品安全，农村需面对生态破坏与环境污染的双重威胁。农村生态环境有待改善之处包括生活污染、面源污染、工矿污染、饮用水安全、生态退化等方面。

鉴于此，党和政府对农村生态环境问题的关注度越来越高。20世纪80年代初，农村大刀阔斧地进行改革。1982—1986年，中共中央连续发布了五个以"三农"为主题的一号文件，均有关于农村生态环境治理的表述。进入21世纪后，2003年起，中共中央的一号文件连续关注"三农"，均有对农村生态环境治理的专门论述。

习近平总书记在党的二十大报告中明确提出，"我们坚持绿水青山就是金山银山的理念，坚持山水林田湖草沙一体化保护和系统治理，……生态文明制度体系更加健全，……生态环境保护发生历史性、转折性、全局性变化，我们的祖国天更蓝、山更绿、水更清"，同时强调了"统筹产业结构调整、污染治理、生态保护、应对气候变化，协同推进降碳、减污、扩绿、增长，推进生态优先、节约集约、绿色低碳发展"[①]。

我们要加快发展方式绿色转型，实施全面节约战略，发展绿色低碳产业，倡导绿色消费，推动形成绿色低碳的生产方式和生活方式。深入推进环境污染防治，持续深入打好蓝天、碧水、净土保卫战，基本消除重污染天气，基本消除城市黑臭水体，加强土壤污染源头防控，提升环境基础设施建设水平，推进城乡人居环境整治。提升生态系统多样性、稳定性、持续性，加快实施重要生态系统保护和修复重大工程，实施生物多样性保护重大工程，推行草原森林河流湖泊湿地休养生息。[②]

在乡村振兴的过程中，生态宜居是其中的关键内容。农村拥有的最大优势和宝贵财富就是良好的生态环境。由此可知，在农村的生产生活过程中，应当顺应自然，将生态环境建设摆在各项工作的首位，同时应制定并落实增加农村自然资本的配套政策，以帮助农民实现财富足与生态美的和谐统一。

在上述背景下讨论农村生态环境多元共治主体协同治理的相关问题，具有理论意义及实践意义。

## 二、研究意义

### （一）理论意义

关于农村生态环境协同治理，国外学者已进行了大量研究，而国内

---

① 新华社．习近平：高举中国特色社会主义伟大旗帜 为全面建设社会主义现代化国家而团结奋斗：在中国共产党第二十次全国代表大会上的报告 [EB\OL]．（2022-10-25）[2025-01-15].https: //www.gov.cn/xinwen/2022-10/25/content_5721685.htm.
② 新华社．习近平：高举中国特色社会主义伟大旗帜 为全面建设社会主义现代化国家而团结奋斗：在中国共产党第二十次全国代表大会上的报告 [EB\OL]．（2022-10-25）[2025-01-15].https: //www.gov.cn/xinwen/2022-10/25/content_5721685.htm.

在相关领域和方向上并未建立起较完善的研究体系。研究国内农村生态环境多元共治主体协同治理具有突出的理论价值，同时该领域的整体研究成果能进一步丰富生态文明的理论内容。

第一，全面的研究内容能进一步丰富国内农村生态环境协同治理的理论依据。从农村生态环境多元共治主体协同治理的基础理论进行研究，将会分析国内农村生态环境协同治理的必要性、可行性，以及在此过程中将会遇到的各种限制因素，将会讨论国内农村生态环境多元共治主体协同治理实现机制的优化路径。这些研究内容能极大地丰富国内农村生态环境协同治理的理论依据。

第二，农村生态环境治理研究侧重于对多元共治主体的研究，以崭新的研究视角拓宽了国内农村生态环境协同治理的研究范畴。本研究将从多个不同学科角度对农村生态环境协同治理进行全面且系统的研究。该研究思路将打破单纯从技术与工程角度研究农村生态环境污染与治理的局限性。

第三，本研究将利用文献资料分析法、文本分析法、统计分析法、实证分析法，来保证研究的科学性、客观性及有效性。科学、系统的研究方法能进一步保障对农村生态环境多元共治主体协同治理研究的可信度及其学术价值。

### （二）实践意义

在现实背景下，对农村生态环境多元共治主体协同治理进行研究，具有重要的实践意义与价值。从整体上来看，本研究能进一步拓展农村生态文明建设的实践方式与实践路径。

第一，本研究能为我国制定和完善农村生态环境多元共治主体协同治理政策提供实践参考及更为具体的现实依据。

第二，本研究能为我国农村的可持续发展提供实践指导。农村环境污染和生态破坏直接影响农村经济发展及农业可持续发展。对农村生态环境进行更有效的治理,并通过多元共治主体协同治理的方式治理农村生态环境,能更有效地促进农村经济发展及农业生产的可持续发展。

## 第二节 国内外研究进展

### 一、国内研究进展

#### (一) 关于协同治理理论的研究

1. 协同治理理论内涵研究

一些学者认为协同治理理论的提出是基于协同理论与治理理论的融合。如郑巧和肖文涛认为,协同治理意为在公共生活过程中,政府、非政府组织、企业、公民个人等子系统构成的开放整体系统,法律、伦理、知识、货币等是其控制变量,通过次级系统之间非线性的共同作用及相互协调,促进整个系统在有机组合基础上实现公共事务的治理,最终可最大限度地维护和增进公共利益。[①]李汉卿指出协同治理理论是协同理论与治理理论交叉形成的新兴理论。[②]

从治理主体方面来看,黄思棉和张燕华认为协同治理是管理者与各利益相关方基于合作治理协同参与的公共事务。[③]在张贤明、田玉麒等学者看来,协同治理的基本要求是多元共治主体在资源与利益相互依赖的

---

① 郑巧,肖文涛.协同治理:服务型政府的治道逻辑[J].中国行政管理,2008(7):48-53.
② 李汉卿.协同治理理论探析[J].理论月刊,2014(1):138-142.
③ 黄思棉,张燕华.国内协同治理理论文献综述[J].武汉冶金管理干部学院学报,2015,25(3):3-6.

基础上共同参与决策制定，并共同解决公共问题。① 于飞的研究指出协同治理主要体现在多元共治主体的相互合作上，这些主体包括政府组织、政党组织、公民组织、商业组织、利益团体及个人等，利用多元共治主体来解决单一主体难以应对的难题。②

从国际组织给出的定义来看，刘伟忠以联合国全球治理委员会给出的定义为基准，认为协同治理是各类公共机构或私人机构，或是个人管理共同事务的诸多方式的总和，是使相互冲突的不同利益主体得以调和且采取联合行动的持续性过程。③ 李辉和任晓春在研究结果中也高度认可前述提法。④

2. 协同治理主体研究

在农村生态环境多元共治主体协同治理的主体方面，当前国内协同治理的主体主要包括政府、社会组织、企业和公众等。⑤ 而在主体间的相互关系的研究中，国内学者基本认同政府在其中的核心地位，并在此基础上展开协同合作。尽管在地位和利益上多元共治主体是平等的，但政府在其中发挥着关键性的作用。社会组织在手段等方面具有更大灵活性，更适于成为多元共治主体，能为农村生态环境协同治理提供诸多可能性。企业和公众在适当的范围内，是最终实现农村生态环境协同治理的重要主体。

3. 协同治理机制研究

农村生态环境多元共治主体协同治理必须借助与之配套的机制，在

---

① 张贤明，田玉麒.论协同治理的内涵、价值及发展趋向[J].湖北社会科学，2016（1）：30-37.
② 于飞.多主体协同治理机制探析[J].学理论，2015（1）：53-54，57.
③ 刘伟忠.我国协同治理理论研究的现状与趋向[J].城市问题，2012（5）：81-85.
④ 李辉，任晓春.善治视野下的协同治理研究[J].科学与管理，2010，30（6）：55-58.
⑤ 张平，隋永强.一核多元：元治理视域下的中国城市社区治理主体结构[J].江苏行政学院学报，2015（5）：49-55.

此方面，有学者认为农村生态环境协同治理制度的核心任务主要分为以下三个方面：第一，强化向下赋予权力的制度；第二，改革起阻碍作用的制度；第三，培育社会健康成长的相关制度。①协同治理的动力机制来源主要有两个方面：内生型与外生型。内生型动力主要来自政府治理，而外生型动力主要指社会力量参与治理的共同行动的能力。②有学者指出，关于协同治理机制的完善工作，需做好治理主体的构建、完善和优化主体间的联动机制、重构主体责任机制的工作。③

### （二）关于协同治理理论应用的研究

协同治理理论应用的研究与公共事务的各个方面均有诸多关联，如生态环境治理、区域合作、基层治理等方面，最为突出的领域是生态环境治理，具体表现在以下几个方面。

#### 1. 生态环境协同治理

在侧重协同主体加强协同治理的研究方面，严燕和刘祖云认为可通过完善法律制度、推进行政改革、构建公众参与机制等措施，让政府在其中发挥关键性作用，同时让社会、企业、公众等发挥自身的主体协同作用，以提升治理的效能。④在李礼和孙翊锋看来，生态环境协同治理的实现，必须依靠各参与主体间的博弈与互动，进而形成高效的信息沟通、合作、激励、监督等机制。⑤朱新林等学者以湖北省武汉市凤凰镇为研究案例，认为小城镇可建立与之相适应的多元协同机制，通过协同治理的

---

① 郁建兴，任泽涛.当代中国社会建设中的协同治理：一个分析框架 [J]. 学术月刊，2012，44（8）：23-31.

② 杨华锋.协同治理的行动者结构及其动力机制 [J]. 学海，2014（5）：35-39.

③ 于飞.多主体协同治理机制探析 [J]. 学理论，2015（1）：53-54，57.

④ 严燕，刘祖云.风险社会理论范式下中国"环境冲突"问题及其协同治理 [J]. 南京师大学报（社会科学版），2014（3）：31-41.

⑤ 李礼，孙翊锋.生态环境协同治理的应然逻辑、政治博弈与实现机制 [J]. 湘潭大学学报（哲学社会科学版），2016，40（3）：24-29.

方式，提升并完善乡镇生态环境治理水平。① 周伟在研究中指出，基于多元生态价值理念，应完善协同治理的相关制度，如监督管理机制、生态补偿机制等，以更好地促进各主体的有效协同，最终提升农村生态环境的治理成效。②

协同治理机制的提出，需对更广阔的范围进行综合考量。在卓成霞看来，大气污染具有扩散性和无界性的特性，而破除大气污染防治的"搭便车"和"公地悲剧"的两重效应，有效解决邻避冲突问题，则必须及时启动府际协同治理模式，从区域发展的经济发展模式、区域利益的协同妥协、区域公共政策的协同制定等方面，构建起大气污染区域联动防治体系及地方政府防治大气污染的协同治理机制。③ 周伟铎等学者认为，从公共政策设计层面进行研究，归纳出雾霾协同治理的社会网络、行政管制等诸多形式，并据此提出了协同治理的相应策略，以更为有效地对雾霾进行治理。④ 周县华等学者借助将环境外部性因素内生化的方式，描述出不同主体经济活动的环境外部性特征，并强调了政府在农村生态环境治理过程中的重要职能作用，激发企业的内生性治理的原动力，建立科学有效的公众参与和环境社会组织监督的有效畅通渠道。⑤ 对不同治理主体行为的治理效果进行全面比较，进而优化配置不同主体间的最优及可行性方案，最终使农村生态环境多元共治主体相互影响，

---

① 朱新林，曹素芳，陆豪. 小城镇多元小集体协同治理的行动逻辑：以湖北省武汉市凤凰镇生态治理为例[J]. 湖北社会科学，2018（6）：72-78.

② 周伟. 生态环境保护与修复的多元主体协同治理：以祁连山为例[J]. 甘肃社会科学，2018（2）：250-255.

③ 卓成霞. 大气污染防治与政府协同治理研究[J]. 东岳论丛，2016，37（9）：183-187.

④ 周伟铎，庄贵阳，关大博. 雾霾协同治理的成本分担研究进展及展望[J]. 生态经济，2018，34（3）：147-155.

⑤ 周县华，范庆泉，张同斌，等. 环境公共治理多主体协同模式研究[M]. 北京：经济科学出版社，2018：63.

产生良性促进作用。

2. 区域环境协同治理

(1) 综合考量区域环境协同治理。在总体研究跨区域环境协同治理方面，卢青指出，应充分结合新时代的实际状况，并在此基础上开展政府、企业、公众、非政府组织协同共治，精准把握问题核心与切入点，才能有效达到最佳治理效果。① 在赵树迪和周显信的研究中，二人指出需要找到更适宜的府际合作路径，如借助动力机制、保障机制、约束机制、长效机制等，通过对特定区域理念的认同与深化、加大公众参与力度、培育协同治理程度与能力等方面，提升区域环境多元共治主体协同治理的效果。② 田玉麒和陈果在研究中指出，跨区域生态环境治理需借助协同治理，而全面、系统地完善或构建理念、机制、法律等，能有效提升协同治理成效。③ 司林波和王伟伟在目标管理过程分析框架的基础上，以整体性绩效责任目标的实现为中心，构建了五个环节的跨行政区生态环境协同治理绩效问责机制的基本框架，其中包含了绩效责任目标确定、目标执行、目标评估、目标反馈和目标改进。④

以法学学科研究区域环境协同治理问题，胡中华指出需充分利用制度建设增强协同治理区域内各地方的合作动机，采用对环境区域协同治理各参与方合作积极性影响较小的合作方式，以有效提升协同治理各方的协同治理能力，建立起维护协同治理合作关系的制度等。⑤ 肖萍和卢群

---

① 卢青. 区域环境协同治理内涵及实现路径研究 [J]. 理论视野，2020（2）：59-64.
② 赵树迪，周显信. 区域环境协同治理中的府际竞合机制研究 [J]. 江苏社会科学，2017（6）：159-165.
③ 田玉麒，陈果. 跨域生态环境协同治理：何以可能与何以可为 [J]. 上海行政学院学报，2020，21（2）：95-102.
④ 司林波，王伟伟. 跨行政区生态环境协同治理绩效问责机制构建与应用：基于目标管理过程的分析框架 [J]. 长白学刊，2021（1）：73-81.
⑤ 胡中华. 关于完善环境区域协同治理制度的思考 [J]. 法学论坛，2020，35（5）：29-37.

指出实现跨行政区协同治理的一个重要保障是法治。[①] 区域合作协议是顺应跨行政区协同治理立法需求的规范表现形式。法律定位、缔结程序、缔结主体、效力等级等诸多方面是关键的影响因素,当这些影响因素得以明确,并从理论与立法层面进行不断完善时,跨行政区协同治理的立法形式才能发挥实效性。

从协同治理主体视角研究区域生态协同治理问题,余敏江指出,在旧有的模式中,政府为单一中心,在此基础上,主体间的利益关系与文化—认知性要素均会影响协同治理的最终成效。必须完善相应的法律法规,寻求各方利益的结合点与增长点,同时应完善制度补给等各种手段,最终实现区域生态环境治理。[②] 余敏江的研究还指出,生态环境协同治理的理念想要进一步深化和完善,必须将社群组织和社群文化考虑在内,并通过社群间的利益、信任、责任等配套机制的强化,促进政府、企业、公众达成协作,促成跨区域环境治理的协同。[③] 王冰对深化博弈理论进行了相关研究,全面分析了地方政府、企业和公众多方治理主体间的博弈关系,尝试探索区域内多元共治主体以各自利益获取为目标向整体利益协同转变的有效方式,基于此,运用协同学理论,构建起完善的区域生态环境协同治理机制,具体包括形成机制、运行机制及保障机制。[④]

(2)京津冀区域生态协同治理。

①关于京津冀区域生态协同治理的综合研究。王家庭和曹清峰指出京津冀的发展必须走生态协同治理的路径,通过建立跨区域的生态治理

---

[①] 肖萍,卢群.跨行政区协同治理"契约性"立法研究:以环境区域合作为视角[J].江西社会科学,2017,37(12):173-181.

[②] 余敏江.论区域生态环境协同治理的制度基础:基于社会学制度主义的分析视角[J].理论探讨,2013(2):13-17,2.

[③] 余敏江.区域生态环境协同治理的逻辑:基于社群主义视角的分析[J].社会科学,2015(1):82-90.

[④] 王冰.博弈视角下跨区域生态环境协同治理机制研究[M].成都:电子科技大学出版社,2020:72.

农村生态环境多元共治主体协同治理的实现机制

机构来与地方政府行为进行有效协同,基于区域一体化,利用市场机制来实现生态资源及其要素的合理配置,同时鼓励公众参与及社会监督来实现区域内生活方式的转型与生态环境治理政策的有效落实。[①]乔花云和司林波等人从京津冀区域生态环境治理的具体实际出发,指出华北生态环境协同治理的必然路径是对称性互惠共生。确立对称性互惠共生治理模式,需先确立共生责任目标。二人指出,对称性互惠共生治理模式应成为华北生态环境协同治理的理想模式。[②]

②从法学学科层面研究京津冀区域生态协同治理问题。郭雪慧和李秋成指出要更好地实现环境协同治理,需要与之配套的环境协同立法,同时需探索和推进京津冀地区生态环境司法合作的新模式,构建更加多元的主体协同治理模式及环境协同治理基金。除此之外,应侧重建设京津冀区域环境监督制度和协同监测机制,建立京津冀地区环境信息共享平台,构建起系统的利益协调和补偿与环境协同治理的长效机制,进一步加大立法、司法及执法的保障力度。[③]王娟和何昱对京津冀环境治理现状及立法情况进行全面分析,指出需确立专门的法律,借助法律的方式完善京津冀跨区域的生态环境协同治理活动。[④]潘静和李献中对京津冀跨区域环境治理的相关问题进行了全面分析,提出了相关制度的完善路径,包括政策标准化、法律体系化、机构权威化、生态补偿、利益协调等。[⑤]

---

① 王家庭,曹清峰.京津冀区域生态协同治理:由政府行为与市场机制引申[J].改革,2014(5):116-123.

② 乔花云,司林波,彭建交,等.京津冀生态环境协同治理模式研究:基于共生理论的视角[J].生态经济,2017,33(6):151-156.

③ 郭雪慧,李秋成.京津冀环境协同治理的法治路径与对策[J].河北法学,2019,37(10):190-200.

④ 王娟,何昱.京津冀区域环境协同治理立法机制探析[J].河北法学,2017,35(7):120-130.

⑤ 潘静,李献中.京津冀环境的协同治理研究[J].河北法学,2017,35(7):131-138.

③从协同治理主体层面研究京津冀区域生态协同治理问题。汪泽波和王鸿雁对京津冀的环境问题进行了研究,发现了协同治理的紧迫性,围绕政府、企业、非政府组织和民众四大主体提出了协同治理的模式,以有效解决跨区域的环境治理问题。① 在王凤鸣和袁刚看来,京津冀协同发展的关键点就是破除旧有的思维定式,促进区域协同机制创新与改革。只有对政府、社会与市场的关系进行重塑,才能借助政府协同治理方式应对和解决区域发展过程中所面临的多元复杂的社会公共问题,实现善治。②

(3)跨区域水环境协同治理。在跨区域水环境政府协同治理路径的研究方面,王俊敏和沈菊琴指出,必须对跨区域水环境协同治理路径进行重构,借助治理系统的开放性打下坚实的治理基础,借助激活政府活力获取环境治理的动力,借助治理组织加强环境治理工作的推动力。③ 许光建和卢允子指出未来协同治水模式的改进方向,即形成"河长制"的制度化管理模式,改进"五水共治"的协同治理机制,进一步激发公众参与的积极性。④

关于水环境协同治理问题,郭珉媛等学者指出应提升协同层级,完善协同治理组织机构的改革;根据市场、标准、技术,推进协同能力建设;完善依法依规治理的奖惩机制,建立鼓励实干创新、公开透明的实

---

① 汪泽波,王鸿雁.多中心治理理论视角下京津冀区域环境协同治理探析[J].生态经济,2016,32(6):157–163.
② 王凤鸣,袁刚.京津冀政府协同治理机制创新研究[M].北京:人民出版社,2018:82.
③ 王俊敏,沈菊琴.跨域水环境流域政府协同治理:理论框架与实现机制[J].江海学刊,2016(5):214–219,239.
④ 许光建,卢允子.论"五水共治"的治理经验与未来:基于协同治理理论的视角[J].行政管理改革,2019(2):33–40.

践容错纠错机制等。①芮晓霞和周小亮以闽江流域为案例进行研究，分析了水污染协同治理复杂系统的构成，提出了完善利益激励机制，建立健全协调的合作机制，深化监管机制，可有效提高水污染协同治理系统的协同程度。②

（4）跨界大气污染协同治理。从总体上讨论跨界大气污染协同治理问题，代应等学者对国内大气污染重点区域协同治理关系的动态深化过程、静态影响因素、信任均衡机制和利益均衡机制进行了深入的分析和研究。③刘华军和雷名雨研究了雾霾污染治理问题，进而提出了协同治理的路径，主要包括打造东西南北八区联动的雾霾污染区域协同治理网络；营造全民共治的良好环境，并创新雾霾污染区域治理机制；制定并实施因地制宜的协同防控政策，同时要强化责任及考核机制。④

杜雯翠和夏永妹用双重差分模型进行分析，发现协同治理大气的效果不明显，因而提出了创新机制措施，立足长远，打持久战的对策。⑤赵志华和吴建南对275个城市2010—2015年的数据，运用三重差分法研究了大气污染协同治理对污染物减排的影响。样本实验分析得出，对大气污染进行的协同治理可显著降低二氧化硫排放量，但对工业粉尘的影响微乎其微。他们还发现协同治理与不同类型的大气污染物间存在着相异

---

① 郭珉媛，牛桂敏，杨志. 京津冀水环境协同治理的实践与经验[J]. 环境保护，2019，47（19）：51-55.
② 芮晓霞，周小亮. 水污染协同治理系统构成与协同度分析：以闽江流域为例[J]. 中国行政管理，2020（11）：76-82.
③ 代应，景熠，宋寒. 区域大气污染协同治理关系的影响机理及均衡机制[M]. 北京：科学出版社，2020：35.
④ 刘华军，雷名雨. 中国雾霾污染区域协同治理困境及其破解思路[J]. 中国人口·资源与环境，2018，28（10）：88-95.
⑤ 杜雯翠，夏永妹. 京津冀区域雾霾协同治理措施奏效了吗？——基于双重差分模型的分析[J]. 当代经济管理，2018，40（9）：53-59.

的时滞性。<sup>①</sup> 吴建南等学者通过"结构—过程"模型,分析了长三角地区的大气治理情况,指出在长三角区域的协同治理过程中,必须考虑协同治理的结构与具体制度,二者只有保持一致,才能有效实现协同治理的目标。孙振清等对京津冀部分城市2010—2017年的面板数据进行分析,并用ESDA方法对碳减排大小和环境治理水平进行分析,得出一些重要结论:碳减排可协同提升环境治理水平,以及与环境治理水平呈现出正相关关系,碳减排的实现主要通过绿色技术创新及提升环境治理水平。[②]

3. 农村生态环境协同治理

(1)农村生态环境协同治理的综合考量。范逢春在研究中指出围绕党的十八大报告关于加快健全基本公共服务体系的目标要求,依据农村公共服务多元主体协同治理机制构成要素的内在逻辑关系,分析现状构成因素、定位主体职能、重构运行机制、设计绩效评估、实证检验研究五个板块进行专题性研究。[③] 王丽琼等人梳理农村环境协同治理的制约因素,对涉及农村生态环境治理的各主体间的博弈关系进行全面分析,从利益调整出发,提出了农村生态环境协同治理的长期目标、短期目标和相应建议。[④] 李宁指出协同治理文化是协同治理工作的基础支撑,在此基础上建立信任,再对相关机制进行整合,最终形成协同治理机制。[⑤] 宋琳琳在研究中指出,对多元主体的利益进行整合,可通过农村生态环境协同治理网络,改变以往的管理模式,有效解决当下农村生态环境治理遇

---

① 赵志华,吴建南. 大气污染协同治理能促进污染物减排吗?——基于城市的三重差分研究[J]. 管理评论,2020,32(1):286-297.
② 孙振清,李欢欢,刘保留. 空间外溢视角下的区域碳减排与环境协同治理:基于京津冀部分地区面板数据分析[J]. 调研世界,2020(12):10-16.
③ 范逢春. 农村公共服务多元主体协同治理机制研究[M]. 北京:人民出版社,2014:38.
④ 王丽琼,李子蓉,张云峰. 乡村振兴战略下农村环境协同治理关键因素识别研究[J]. 中国生态农业学报(中英文),2019,27(2):227-235.
⑤ 李宁. 协同治理:农村环境治理的方向与路径[J]. 理论导刊,2019(12):78-84.

到的制度、能力、利益和公信力等问题,以提升治理绩效。①

（2）关注某一方面的农村生态环境治理问题。在农村生态环境协同治理模式和机制的构建方面,范逢春和李晓梅在对协同论基本原理研究的基础上,构建农村公共服务多元主体的动态协同治理模型。李晓梅的研究围绕农村生态环境问题的复杂性,提出了构建多元共治机制,以全方位提升治理效果。②叶大凤和马云丽认为地方政府应强化并完善农村环境污染协同治理机制,工作重心应放在治理结构上,提高多元主体的协同治理能力；治理依据需建立并不断健全,同时要加大协同治理的力度；完善相关政策与供给相协同的机制,通过各种举措完善协同监管机制和补偿机制；充分发挥市场的激励工具和自愿性工具的作用,以丰富治理手段,构建由政府主导、多元主体共同参与的协同治理的新型模式。③

关于农村生态环境协同治理主体的研究,张丽丽等人指出应提升环境治理的有效性,充分发挥政府、社会、组织、企业、公众的积极作用,构建行之有效的分工协作机制、多元主体参与网络机制、信息共享机制、协同治理激励机制等。④李国锋指出要想实现农业面源污染治理,需要基于绿色发展的价值选择,政府要建立起制度化的参与平台和沟通渠道,以保障各个治理主体能更为积极地参与到协同治理的过程中,并对政策制度、绿色技术、经济模式等进行革新。⑤罗福周和李静指出,想要推进

---

① 宋琳琳.乡村振兴视域下农村生态环境网络协同治理研究[J].农业经济,2020(5):40-41.

② 范逢春,李晓梅.农村公共服务多元主体动态协同治理模型研究[J].管理世界,2014(9):176-177.

③ 叶大凤,马云丽.农村环境污染协同治理机制探析:以广东M市为例[J].广西民族大学学报(哲学社会科学版),2018,40(6):30-36.

④ 张丽丽,毛庆,赵婷.生态共享与共治理念下的京津冀农村生态环境协同治理机制与对策[J].农业经济,2019(12):9-11.

⑤ 李国锋."绿色发展"视域中农业面源污染协同治理初探:基于山东省的调查分析[J].农业经济,2017(9):6-8.

地方政府、村镇企业和农户三方互动，最终实现农村生态环境的有效治理，可降低地方政府的引导成本，给净化企业和监督举报的农户以经济激励，降低农户参与成本并对受损农户进行合理的补偿，降低村镇企业的净化成本，同时要加大对排污企业的监督和惩罚力度。[1]

## 二、国外研究进展

### （一）协同治理的理论研究

协同治理的相关理论最早由西方学者开始进行研究，学者对协同治理内涵的理解和阐释并不统一。

Bingham 认为协同主体包括联邦政府、可能成为协同者的行为人，具体对象包括州和地方政府机构、非政府组织、商业组织、公众等；协同客体包括联邦机构在政策制定和实施过程中的全部事务；协同方式包括所有基于协商和共识的方法、方式和过程，如公众协商、多方协同、纠纷解决等；沟通方式包括网络沟通和当面沟通。[2]

关于协同治理目的的研究，Ansell 和 Gash 指出协同治理是为了制定公共政策、管理公共项目或财产，将公共利益和个人利益关联方聚焦在公共机构的集体论坛上，以共识为导向的集体决策过程中进行直接沟通对话。[3] Donahue 指出协同治理是为了达成官方选定的公共目标，政府和

---

[1] 罗福周，李静.农村生态环境多主体协同治理的演化博弈研究[J].生态经济，2019，35（10）：171-176，199.
[2] BINGHAM L B.The next generation of administrative law：building the legal infrastructure for collaborative governance[J].Wisconsin Law Review，2010（2）：297-356.
[3] ANSELL C，GASH A.Collaborative governance in theory and practice[J].Journal of Public Administration Research and Theory，2008，18（4）：543-571.

生产者共同努力，共享自由裁量权。①

Culpepper 界定协同治理为政府和非政府行为人在政策范围内的日常性互动。②Imperial 认为协同治理为具有不同程度自主性的组织和个人进行的指导、控制和协调方式，以实现共同目标。③Cooper、Bryer 和 Meek 指出协同治理为公众与公共机构代表的理性协商，此种协商方式可运用于地方治理中。④

### （二）协同治理的应用研究

协同治理广泛应用于多个领域，尤其在环境治理方面具有广泛性和有效性，相关研究也较多。

#### 1. 环境协同治理的必要性研究

Fish 等人指出农业和水利部门的制度设计是复杂且多方面的，因此整合不能单纯通过"叠加"政策来实现。对各方资源的整合需要在合作治理方法上进行创新，以更好地适应对规模效应的依赖，处理不确定性和有争议的知识及处理不平等利益和不同利益间的相互依赖问题。协作治理为这些问题提供了一个可落地执行的模式，因其强调相互作用的关

---

① DONAHUE J D, ZECKHAUSER R J.Public-private collaboration[M]//GOODIN R, MORAN M, REIN M.The Oxford handbook of public policy [M].Oxford：Oxford University press, 2008：496-526.

② CULPEPPER P D.Institutional rules, social capacity, and the stuff of politics：experiments in collaborative governance in France and Italy[J].Working Paper Series, 2003（3）：3-29.

③ IMPERIAL M T.Using collaboration as a govermance strategy：lessons from six watershed management programs[J].Administration and Society, 2005, 37（3）：281-320.

④ COOPER T L, BRYER T A, MEEK J W.Citizen-centered collaborative public management[J].Public Administration Review, 2006（66）：76-88.

系、互惠、学习力和创造力。①

May 等人指出风险管理能够适应气候变化，是适应气候变化的较为成熟的工具。随着气候变化带来的各种不确定性及人们对参与治理活动的需求，风险管理需要面对各种问题与挑战。由此，他们设想了一种被称作适应性协同风险管理的混合方法，该方法是对传统风险管理方式的丰富和完善，并能很好地适应协同管理，即协作和适应。②

Orr 等人认为协同治理需要将工作重点从政府控制转移到直接让非国家利益相关者参与决策的自愿安排上。而协同水治理等一些新型机构的合法性有待进一步确认。③

Gieseke 应用了一种更为实际的方法来描述并理解解决问题的协作治理活动。其引入了一个新的协作治理评估模型。在该模型中，根据所扮演的角色类型来确定行动者，而非根据组织类型来确定行动者。新框架具有以下特征：所有级别和规模的社区均有赖于合作来解决环境问题；准备并让个人能参与协作治理并设计协作治理框架；选取一个适宜的、简化的、标准化的模型，让治理参与者和治理模式可以对治理活动进行评估；用简单的术语解释治理活动，并从个人的角度构建环境治理框架；描述协作领导者组织和协调活动，以创建共享治理及输出的"聚合工具"。该方法与个人和组织在治理实践中的互动方式及他们对合作

---

① FISH R D, IORIS A, WATSON N M.Integrating water and agricultural management: collaborative governance for a complex policy problem[J].Science of The Total Environment, 2010, 408（23）: 5623-5630.

② MAY B, PLUMMER R.Accommodating the challenges of climate change adaptation and governance in conventional risk management: adaptive collaborative risk management （ACRM）[J].Ecology and Society, 2011, 16（1）: 1-15.

③ ORR C J, ADAMOWSKI J F, MEDEMA W, et al.A multi-level perspective on the legitimacy of collaborative water governance in Quebec[J].Canadian Water Resources Journal, 2016, 41（3）: 353-371.

解决新出现的环境问题的依赖性相统一。①

2. 环境协同治理效果的研究

Rashid 等人指出，在气候变化、森林退化的情况下，全世界保护生物多样性的一个主要方法就是建立保护区。孟加拉国在其社会林业方面有一套成熟且较成功的治理方案，在世界上显示出一定程度的成效，但合作保护区管理的概念对于孟加拉国来说还是一个全新的概念。经过实地调查，人们发现了协同管理机构面临的一系列挑战：机构由精英群体主导、相互信任和集体绩效并不完善、侵占林地和转换农业问题、法律规定在社区层面的渗透率不足、作用和义务不够明确、协同管理机构的长期可持续性问题。②

Francesch-huidobro 研究了气候变化治理、再生可持续性与权威多样性之间的联系。他在鹿特丹等三角洲城市的适应性洪水风险管理的研究中解释了这些关联性，这些三角洲极易受气候变化的影响。他主要解决了三个关键性的问题：第一，对于更具参与性、包容性、授权性和地方敏感性的城市气候治理模式的转变，即获得实施并执行气候政策的权力，则如何将其进行概念化及对其进行更加深入的分析；第二，针对具有不同气候背景和不同文化的地方，过渡到协同治理和再生可持续性的阶段，利用何种部署权最有利于洪水风险管理；第三，在实践再生可持续性的过程中及相关案例中，不同的案例说明了哪些问题，而针对这些新的、灵活的治理形式，是否可以挑战国家应对气候变化的相关政策，

---

① GIESEKE T.Collaborative environmental governance frameworks：a practical guide[M]. Boca Raton：CRC Press，2019：40.
② RASHID M，CRAIG D，MUKUL S A et al.A journey towards shared governance：status and prospects for collaborative management in the protected areas of Bangladesh[J]. Journal Forestry Research，2013，24（3）：599-605.

这需要在概念和经验层面上有更深入的理解。①

3. 关于环境协同治理影响因素的研究

Bodin 指出协同治理常被看作解决问题的首选。这种状况更需要人们对协同治理的有效性进行更深入的研究，还要明确几个问题：协同治理的成效何时能显现，是通过何种方式实现其有效性的，以及何时运用其他解决问题的手段更有效。协作网络的跨学科研究表明，参与其中的行动者的人员构成，共同协作者及协作方式与生态系统的结构相关联。上述因素对行动者处理和解决不同类型环境问题的能力影响较大。②

Baird 等人认为协同环境治理的一个重要维度是社会和制度的多样性。其从不同制度、不同视角、不同行动者的存在三个维度充分考察了社会和制度多样性在生态环境协同治理形式中的重要作用。他们在加拿大和瑞典的四个生物圈保护区内，利用混合方法实证研究了这些方面的存在及形成性的猜想，发现不同案例中所涉及的权力领域和行动者的多样性不尽相同，利益攸关方的观点在所有情况下均不同。在所有情况下，机构在规则、战略、规范方面的多样性均较明显且各不相同。从案例研究中可知，社会和制度的多样性有助于处理一些更为宽泛的问题和挑战；多样性能够解决协同治理小组内问题；社会和制度的多样性有助于参与治理的组织在应对挑战方面的灵活性。另外，社会和制度的多样性与效率之间可能存在着相互权衡的状况。③

---

① FRANCESC-HHUIDOBRO M.Collaborative governance and environmental authority for adaptive flood risk：recreating sustainable coastal cities：Theme 3：pathways towards urban modes that support regenerative sustainability[J].Journal of Cleaner Production，2015，107（16）：568-580.

② BODIN Ö.Collaborative environmental govermance：achieving collective action in social-ecological systems[J].Multidisciplinary Sciences，2017，357（6352）：1114.

③ BAIRD J，PLUMMER R，SCHULTZ L，et al.How does socio-institutional diversity affect collaborative governance of social-ecological systems in practice?[J].Environmental Management，2019，63（2）：200-214.

Newig 等人认为，更多人之所以支持协同治理、支持公民等利益相关方的参与，主要是因为协同治理能够改善公共决策对环境的影响。①

4. 环境协同治理路径选择的研究

Kallis 等人指出协同治理能够增进各方的相互理解，并成为创新的源泉，但并不适合单独解决诸多水环境问题及其他环境冲突的核心问题，如分配困境。环境保护和进一步增长很可能从本质上存在分歧，体制和技术不足以满足体系提出的竞争性需求。有时激进的变革和决定是有必要的，但在具体现实中，可能很难实现。②

John 等不同学科的研究者共同讨论了新机构需要解决的五个问题：参与政策进程的人员构成、彼此的互动方式、利用科学的方式、对于公众和用户的宣传与传播方式、解决办法的有效性和公平性。只有很好地解决这五个主要问题，才能为用水者编制可持续的解决方案。③

Ogada 等人指出合作与学习是农业和自然资源管理的关键过程，其中包括适应性协作管理、参与性行动研究、创新系统和社会学习四种相互关联且重叠的适应性协作方法。这些方法由不同制度领域产生，具有不同的政策取向及认识论。但 Ogada 等人认为这些方法存在着统一的主题，其提供了应用适应性协作方法的方式，以协同不同类型的学习行为，促进利益相关者之间的合作，并培育创新的发展过程。④

---

① NEWIG J, CHALLIES E, JAGER N W, et al.The environmental performance of participatory and collaborative governance: a framework of causal mechanisms[J].Policy Studies Journal, 2018, 46（2）: 269-297.
② KALLIS G, KIPARSKY M, NORGAARD R.Collaborative governance and adaptive management: lessons from California's CALFED water program[J].Environmental Science & Policy, 2009, 12（6）: 631-643.
③ JOHN T S, BRUCE S.Adaptive governance and water conflict: new institutions for collaborative planning[M].New York: Routledge, 2005: 93.
④ OGADA J O, KRHODA G O, VAN DER VEEN A, et al.Managing resources through stakeholder networks: collaborative water governance for Lake Naivasha basin, Kenya[J]. Water International, 2017, 42（3）: 271-290.

## 第一章　绪　论

Bodin 等人的研究指出，当环境过程超越了社会经济发展界限时，传统的自上而下的行政方法不能有效地管理和保护生态系统。这一情形需要多方合作的治理模式。但多方合作治理模式的有效性由生态系统的相互依赖性与协作模式的协调程度所决定。这种固有的跨学科和复杂问题影响了人们在养护方面对成功管理生态系统的理解。应发展经验信息理论，其能超越学科的界限，并能充分结合复杂社会生态相互依存的紧密关系。[①]

由上述国内外研究成果和经验可知，相关研究文献在数量上呈现出急速增长势头，协同治理已发展成为一个重要的研究领域，并取得了诸多研究成果，但未来仍存在着很大的研究及发展空间。

随着我国协同治理研究阶段的不断推进，研究成果的数量与质量将得到进一步提高，这主要是由时代发展所决定的。国外对协同治理的诸多研究和成功经验，可成为国内研究的切入点和重要的研究内容。国内学者已在理论基础、理论与实际结合等方面进行了大量的研究，我国协同治理研究由此而进入了从自发到自觉的阶段。随着国内关于协同治理研究不断推进，学术界面临着建立协同治理本土框架的迫切需求。

国内外关于协同治理的研究主要侧重于主题的拓展、视角的选取、方法的使用等方面，但研究成果的质量参差不齐，同时尚未建立起较强的具有本土解释力的协同治理体系，因此相关领域的研究空间较为广阔。

国内外关于协同治理研究视角和方法已经呈现出多样化的特点，而未来多元化方向的研究仍旧是研究的主要趋势。从研究取向层面来看，协同治理研究主要分为理论研究和实证研究。协同治理理论的研究是必要的，这直接影响着构建强有力的本土框架。协同治理的功能主要体现

---

① BODIN Ö, ROBINS G, MCALLISTER R, et al.Theorizing benefits and constraints in collaborative environmental governance: a transdisciplinary social-ecological network approach for empirical investigations[J].Ecology and Society, 2016, 21（1）: 1-14.

在应用层面，协同治理的实证研究也有价值。目前来看，公认的实证研究方法论主要是量化研究和质化研究。国内在协同治理方面的实证研究以定性研究为主，而定量与描述性研究仍存在不足，有待不断完善。

未来社会，各种不确定性因素日趋增多，为了更好地适应复杂多变的社会发展需求，协同治理仍是公共管理的一个重要内容。在研究方法方面，不管是理论研究还是实证研究，多元化发展都是一个必然且重要的选择。

## 第三节 研究设计

### 一、研究内容

全书主要围绕我国农村生态环境多元共治主体协同治理进行研究，整体分为四部分：理论基础、研究准备、逻辑机理和实现机制，如图1-1所示。

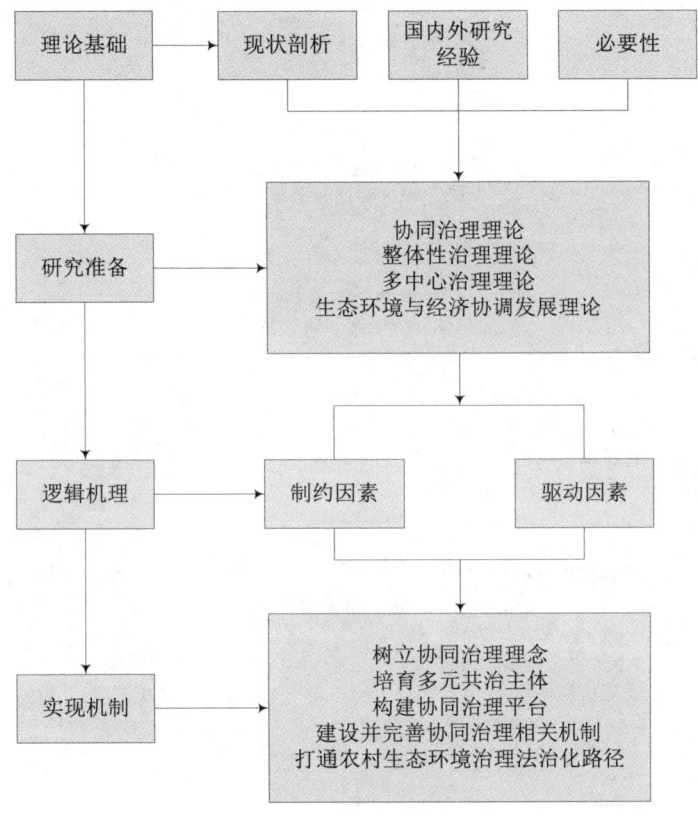

图 1-1　研究内容

## 二、研究思路

本研究采用"提出问题—分析问题—解决问题"的研究思路，构成了前后衔接紧密、层层递进的章节结构，具体如图 1-2 所示。

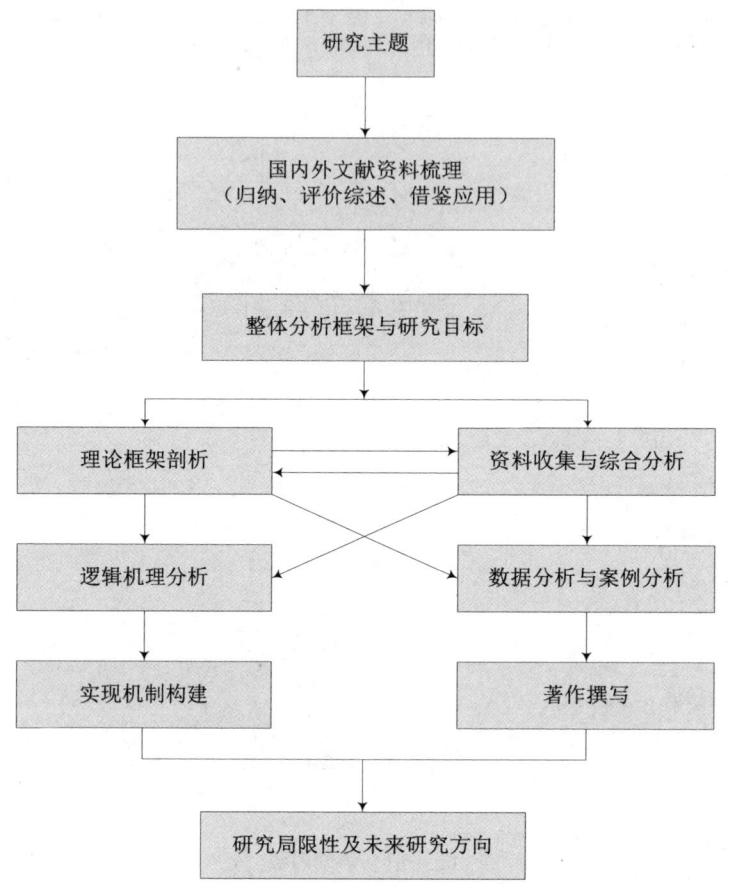

图 1-2 研究思路

**(一) 提出问题**

本书主要针对我国农村生态环境多元共治主体协同治理进行研究。在深入研究前须明晰研究背景及研究意义，设定研究目标。

**(二) 分析问题**

在理论与可行性分析中，需要梳理我国农村生态环境协同治理的相关理论，分析我国农村生态环境协同治理的现状、国内外相关研究文献资料、选题研究的必要性。

在逻辑机理分析中,分析农村生态环境多元共治主体协同治理的制约因素及驱动因素。从制约因素中找到农村生态环境多元共治主体协同治理的切入点。

### (三) 解决问题

在对问题的综合研究、汇总分析中,最终归纳出我国农村生态环境协同治理的实现机制的五个方面:协同治理理念、多元共治主体、协同治理平台、协同治理机制、法治化路径。

## 三、研究方法

在进行农村生态环境多元共治主体协同治理研究时,需用到文献资料分析法、统计分析法、案例分析法、文本分析法和问卷调查法。

### (一) 文献资料分析法

搜集大量国内外专著、期刊论文、政府文件、法律文本、统计资料,对这些资料进行整理、归纳和分析,能更充分了解本研究的最新研究进展,寻找其中的切入点与创新点。

### (二) 统计分析法

利用国家统计局权威统计资料,汇总近几十年我国农村生态环境问题的相关数据,从宏观角度分析我国农村生态环境治理中的机遇。

### (三) 案例分析法

本研究将从网络资料、论文、报纸等渠道获取主要信息,对个案进行分析,以阐释我国农村生态环境协同治理的应用状况。

### (四)文本分析法

本研究将梳理历年来我国农村生态环境协同治理的政策文件,抽取其中的环境政策文件,汇总归纳出我国农村生态环境协同治理的情况,并进行规律性分析。

### (五)问卷调查法

利用问卷调查的形式,从微观角度总结我国农村生态环境问题现状,并对现状进行分析。

# 第二章　农村生态环境治理基本情况分析

## 第一节　农村生态环境状况剖析

### 一、农村生态环境问题的宏观视角分析

#### （一）耕地面积减少，耕地质量较低

2024年12月，第十四届全国人民代表大会常务委员会第十三次会议审议的《国务院关于耕地保护工作情况的报告》指出，2023年度全国国土变更调查结果显示，全国耕地面积19.29亿亩（约合1.29亿公顷）；持续多年的耕地"南减北增"开始转为"南北双增"；但我国人均耕地少、耕地质量总体不高、耕地后备资源不足的基本国情依然没有改变。[①]耕地问题会影响粮食安全和农业可持续发展，需要得到各方面的重视。

#### （二）森林总量不足，生态偏脆弱

《2024年中国国土绿化状况公报》显示，2024年，全国各地、各部门深入践行习近平生态文明思想，统筹推进山水林田湖草沙一体化保护和系统治理，持续开展大规模国土绿化行动，协同推进高质量发展和高水平保护，全力推动国土绿化工作取得新成效，为美丽中国建设注入了强劲绿色动能。全国完成营造林444.6万公顷，种草改良322.4万公顷，治理沙化石漠化土地278.3万公顷，森林覆盖率超25%，森林蓄积量超

---

① 国务院.国务院关于耕地保护工作情况的报告：2024年12月22日在第十四届全国人民代表大会常务委员会第十三次会议上[EB/OL].（2024-12-12）[2025-01-23]. http://www.npc.gov.cn/c2/c30834/202412/t20241223_441882.html.

200亿立方米。① 我国森林资源保护成效显著，覆盖率持续提升，但距离约30%的全球平均水平仍有一定差距。如今，经济社会对林业的需求不断增长，进一步加剧了林业的保护与经营压力，农村地区作为森林资源的重要承载地，也肩负着生态保护的重任。

（三）草原退化问题突出，草地生态问题需着力解决

我国草原资源丰富，草原面积近40亿亩（约合3亿公顷），居世界第一。近年来，国家林草局以组织实施"双重"（全国重要生态系统保护和修复重大工程）、"三北"防护林等工程为抓手，持续推进草原修复治理。"十四五"以来，中央财政支持草原保护修复总投资达到1100亿元，年均修复草原超过4600万亩（约合300万公顷），年均防治草原鼠虫害面积超过1亿亩（约合700万公顷），草原鲜草总产量超过5.5亿吨。特别是三北地区，草原面积有22亿亩（约合1.5亿公顷），是我国北方重要生态安全屏障。如今，全国草原生态状况已走出低谷，实现了由21世纪初的"整体恶化"到当前"整体改善"的历史性转变，但由于我国草原主要分布在干旱半干旱和高寒高海拔地区，自然条件恶劣，修复治理难度大，目前仍有约70%的草原存在不同程度退化，草原保护修复工作形势依然严峻。② 草原作为农村生态环境的重要组成部分，与农业生产密切相关。大量农村地区依托草原资源发展畜牧业和种植业，草原退化直接影响农业可持续经营和农民生计稳定。

---

① 全国绿化委员会办公室. 2024年中国国土绿化状况公报[EB/OL].（2025-03-12）[2025-03-25]. https://www.forestry.gov.cn/lyj/1/lcdt/20250312/614367.html.

② 新华社. 我国年均修复草原超4600万亩[EB/OL].（2025-04-22）[2025-04-23]. https://www.gov.cn/lianbo/bumen/202504/content_7020397.htm.

## （四）农村水资源缺乏

2004—2023年全国总用水量与农业用水总量（图2-1）显示，在我国，农业用水量占全国总用水量的比例始终偏高。统计数据表明，农业灌溉是用水大户，2023年农业用水量约占全国总用水量的62%，在农业用水当中耕地灌溉用水量占农业用水量的86%。[①] 水利部门仍需要大力发展农业节水灌溉，提升灌区管理能力。农村居民日常用水时也存在浪费现象，尤其是在缺乏科学用水观念与节水措施的地区，情况较为严重。政府部门在预测未来需求时认为，随着农村人口持续增长和农村城镇化不断推进，水源供应的缺口可能进一步扩大。各级管理机构若无法及早采取节约与循环利用等策略，农村地区的发展将面临严峻的水资源瓶颈。节约灌溉用水、推广节水技术和改善水利设施成为保障农村地区可持续发展的关键内容，也需要更多政策与资金的支持。

---

① 光明日报.全国已建成大中型灌区7300多处，今年农业灌溉面积超4亿亩：粮食安全水利基础不断夯实[EB/OL].（2024-06-11）[2025-04-23]. https://www.gov.cn/yaowen/liebiao/202406/content_6956629.htm.

农村生态环境多元共治主体协同治理的实现机制

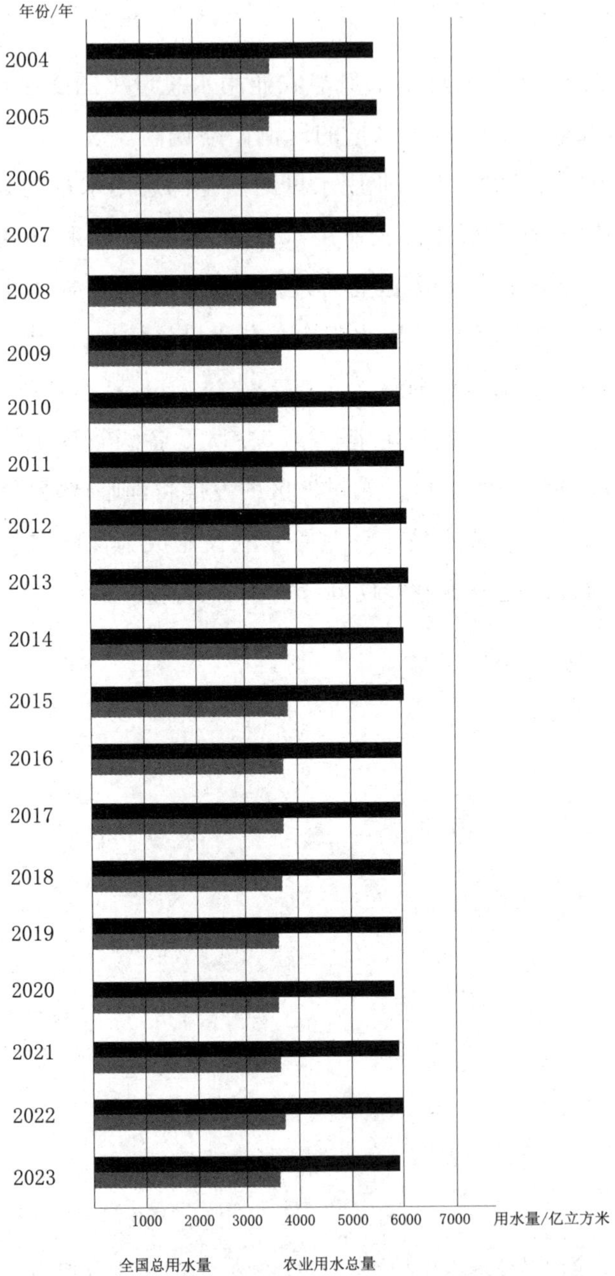

图 2-1　2004—2023 年全国总用水量与农业用水总量趋势图

## 二、农村生态环境问题的微观视角分析

本研究旨在通过实地问卷调查的方式,深入探究我国农村居民对当前农村生态环境状况的看法与评价。此方式能够从微观视角提供客观数据,为理解农村生态环境的实际问题提供科学依据。笔者为此设计了调查问卷,以确保能够系统地收集与分析农村居民的意见与建议,进而指导农村生态环境政策的制定与调整。

### (一)调查设计概述

1. 调查内容

本研究所设计的《我国农村生态环境问题调查问卷》(见附录)要求受访者根据自身实际情况与认知水平填写问卷。问卷内容旨在全面揭示农村生态环境的现状,为决策者提供实证数据支持。

具体内容包括以下三部分。

第一部分是受访者的基本信息,包括户口所在地(精确到省市)、年龄、性别、学历、当前职业及年收入等。这些信息有助于后续的数据分析,如分析不同地区、年龄层、职业或收入水平的农村居民对环境问题的感知与评价是否存在差异。

第二部分是关于农村生态环境问题的具体状况评价。该部分分为三个小节:第一小节要求受访者对农村生态环境进行总体评价,以了解其对于整体环境状况的满意度及关注点;第二小节详细询问受访者对于农村自然环境的看法,涉及居住地饮用水质量、附近河流水质、空气质量、森林状况、生物多样性状况、耕地状况等;第三小节聚焦于农村生产环境,包括工业排污情况、农药与化肥使用情况、农膜问题、禽畜养殖与居民区的隔离状况等,还包含对人居环境的评价,如村庄清洁人员状况、卫生厕所普及率、公共空间清理状况、旧危房拆除情况等。

## 2. 调查方法

本研究主要采用问卷调查法。通过发放纸质与电子问卷，笔者收集了大量来自农村居民的原始数据。在问卷发放过程中，笔者确保覆盖不同地理区域与人群，以增强数据的代表性。回收的问卷经过电子化处理后，笔者运用统计分析软件对数据进行深入分析，以确保对农村生态环境问题有全面且深入的理解。

通过这一系统的调查设计与方法实施，本研究旨在提供一份全面的评估报告，揭示当前农村生态环境的真实状况，并为政策制定者提供依据，帮助其更有效地设计与调整相关环境政策，以促进农村生态环境的持续改善与可持续发展。这不仅是对农村生态环境问题的一次深入剖析，还是对未来农村生态环境管理方向的一次明确指引。

### （二）样本构成

在本次调查中，共发放问卷500份，且全部回收，回收率达到了100%。这一高回收率为笔者提供了全样本的详尽数据，从而确保了样本的代表性和可靠性。经过严格的数据筛选与清理程序后，最终确定有效问卷为488份，问卷的有效率高达97.60%，如表2-1所示。

表2-1 样本构成

| 项目名称 | 类别 | 频次 | 百分比 |
| --- | --- | --- | --- |
| 年龄 | 18—25 | 95 | 19.47% |
| | 26—35 | 141 | 28.89% |
| | 36—45 | 113 | 23.16% |
| | 46—55 | 84 | 17.21% |
| | 56—65 | 49 | 10.04% |
| | 66周岁以上 | 6 | 1.23% |

续 表

| 项目名称 | 类 别 | 频 次 | 百分比 |
|---|---|---|---|
| 性别 | 男 | 276 | 56.56% |
| | 女 | 212 | 43.44% |
| 学历 | 小学 | 82 | 16.80% |
| | 初中 | 209 | 42.83% |
| | 高中（中专） | 134 | 27.46% |
| | 大专 | 42 | 8.61% |
| | 大学本科及以上 | 21 | 4.30% |
| 现从事的工作 | 农民、牧民、渔民等 | 386 | 79.10% |
| | 个体工商户、企业老板 | 31 | 6.35% |
| | 从事运输操作、瓦工、装配工、注塑工等 | 50 | 10.25% |
| | 从事商业、服务业等 | 20 | 4.10% |
| | 其他 | 1 | 0.20% |
| 年收入 | 低于1万元 | 130 | 26.64% |
| | 1万—3万元 | 245 | 50.20% |
| | 3万—5万元 | 91 | 18.65% |
| | 高于5万元 | 22 | 4.51% |

受访者的基本构成充分展现了农村居民群体的多样性。在年龄分布上，受访者覆盖了除未成年以外的各个年龄段，平均年龄约为38岁，其中18岁至55岁的受访者占总样本的88.73%，这一群体构成了农村劳动力的主体，对农村生态环境问题的认知和态度具有决定性影响。在性别构成上，样本中男性略占优势，但男女比例相对均衡，确保了性别层面的广泛代表性。在教育程度方面，大多数受访者的学历水平处于初中及

以下，其中初中学历占比高达42.83%。整体来看，受访者受教育程度普遍偏低，这可能对农村居民的环境认知与处理能力产生一定影响。深入了解农村居民的教育背景，对于阐释他们对生态环境态度的差异具有重要意义。在工作性质上，调查显示，高达79.10%的受访者主要从事农牧渔生产活动，这一现象凸显了农村经济对第一产业的依赖，而第一产业与农村生态环境的保护和改善直接相关，因此第一产业从业者的环境意识和行为对农村生态环境具有至关重要的影响。在年收入方面，年收入在1万—3万元的受访者占据了半数以上，比例高达50.20%。这一收入水平反映了农村居民的经济状况，可能与他们对环境问题的关注度和处理能力有关。在低收入群体中，经济压力可能会削弱他们对生态环境问题的重视程度，这部分群体的意见和反馈对于制定有针对性的政策尤为重要。

### （三）分析过程

1. 整体评价概述

农村居民对所居住村庄的生态环境状况的整体评价介于"比较好"与"非常好"之间，如图2-2所示。

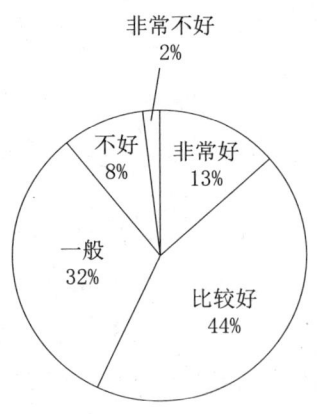

图2-2 农村生态环境总体评价

根据数据分析结果,认为"非常好"的受访者占总人数的13%;认为"比较好"的占比44%;认为"一般"的占比32%;认为"不好"的占比8%;认为"非常不好"的占比2%。这些数据表明,多数农村居民对当地的生态环境持积极态度,认为其状况良好;但也有接近半数的人认为环境存在一定问题,尤其是部分地方的环境状况尚未得到根本性改善。

对于过去几年间生态环境的变化情况,问卷调查结果显示,农村居民普遍认为居住地的生态环境在过去几年里发生了显著变化,如图2-3所示。

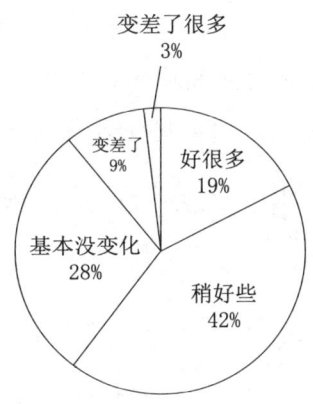

图2-3 与前几年相比农村生态环境的变化

其中,认为"好很多"的受访者占比19%;认为"稍好些"的占比42%;认为"基本没变化"的占比28%;认为"变差了"的占比9%;认为"变差了很多"的占比3%。这一结果表明,大多数人感知到的环境改善较为明显,特别是"稍好些"和"好很多"的评价占比超过60%,这充分显示了近年来生态治理和环境改善措施的积极成效;也有一部分人认为环境没有发生明显变化,甚至有少数人认为环境状况恶化,这反映出环境治理工作的成果在不同地区和不同人群中存在差异,部分地区的改善措施可能执行力度不够。

从整体来看,农村居民对生态环境的评价呈现出较为积极的态势,但仍存在一定的分歧和不满情绪。农村居民对过去几年环境变化的看法也表明,尽管总体上有所改善,但不同地区和群体对政策效果的感知存在差异,这需要进一步细化分析,针对不同地区和群体制定更加精准的治理方案和政策,以提升全体农村居民的幸福感。

2. 农村居民对农村自然环境各项指标的评价

农村居民对自然环境的评价全面覆盖了 8 个关键维度,旨在深入洞察他们对所居住村庄自然环境的整体感知。这些评估内容包括饮用水质量、河流和池塘水质、空气质量、人均耕地面积、耕地土壤质量、森林现状、野生动物现状等。每一个评估维度均从不同侧面揭示了生态现状,进而有助于明确农村自然环境所面临的挑战及潜在的改善空间。

关于饮用水质量的评估,问卷调查结果如图 2-4 所示。

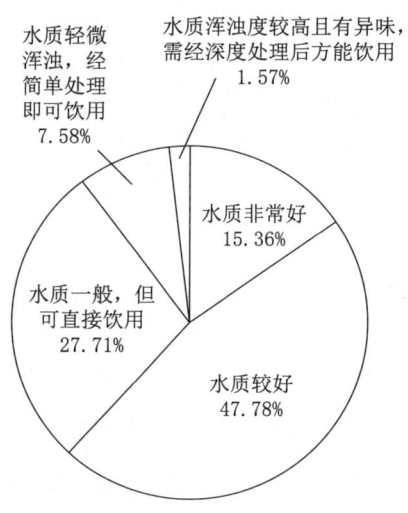

图 2-4 村庄饮用水水质状况

结果显示,认为"水质非常好"的受访者占比 15.36%;认为"水质较好"的占比 47.78%;表示"水质一般,但可直接饮用"的占比 27.71%;认为"水质轻微浑浊,经简单处理即可饮用"的占比 7.58%;

而指出"水质浑浊度较高且有异味,需经深度处理后方能饮用"的占比1.57%。总体来看,大部分农村居民对所在村庄的饮用水质量持正面评价,但仍有部分居民反映水质存在问题,特别是在那些水质较差的村庄,水处理设施的缺乏和水质改善措施的不足可能是导致水质不佳的主要原因。

对河流、池塘水质的评价,问卷调查结果如图2-5所示。

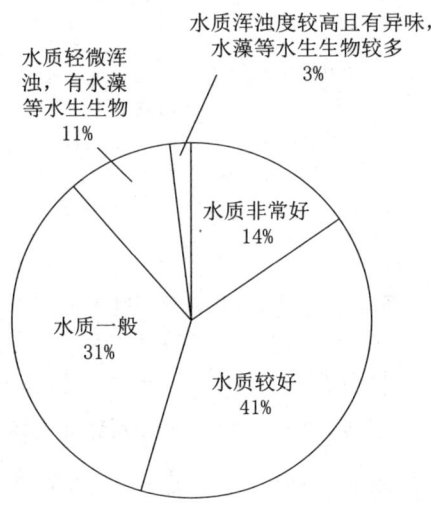

图2-5 村庄河流、池塘水质状况

结果显示,认为"水质非常好"的占比14%;认为"水质较好"的占比41%;表示"水质一般"的占比31%;认为"水质轻微浑浊,有水藻等水生生物"的占比11%;指出"水质浑浊度较高且有异味,水藻等水生生物较多"的占比3%。这一结果表明,尽管有一部分农村居民对周围水体的水质评价尚可,但仍有相当数量的居民反映水体受到污染。特别是在一些水源不洁的地区,水质问题依然严峻,水体污染和水生环境的退化亟须得到有效治理。

关于村庄周边雾霾天气情况的调查结果如图2-6所示。

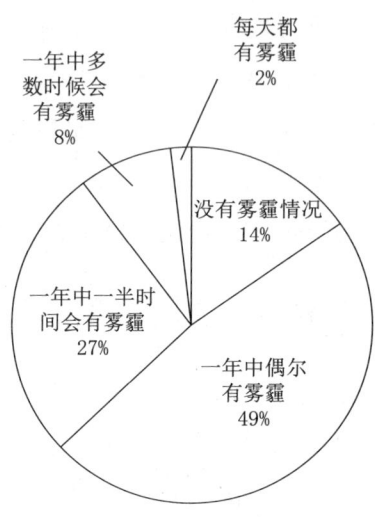

图2-6 村庄周边雾霾天气状况

结果显示，认为"没有雾霾情况"的占比14%；表示"一年中偶尔有雾霾"的占比49%；认为"一年中一半时间会有雾霾"的占比27%；指出"一年中多数时候会有雾霾"的占比8%；反映"每天都有雾霾"的占比2%。这些数据表明，尽管雾霾天气在农村地区并非普遍现象，但在部分时段内，尤其是在秋冬季节和气候变化较大的时期，雾霾天气依然较为严重。雾霾的频发可能与周边地区的工业排放、农业燃烧等活动密切相关。

饮用水质量不佳和水体污染问题的普遍存在凸显了农村自然环境所面临的严峻挑战。水污染往往源于农业生产过程中化肥、农药的过量使用，以及生活污水和工业废水的排放。这些因素长期影响农村水体的水质。空气污染的问题同样复杂，不仅与农作物秸秆焚烧等传统活动紧密相关，还受到周边工业排放和城市扩张的影响。在这些因素的交织作用下，农村自然环境承受着前所未有的压力。尽管多数农村居民对生态环境持较为积极的态度，但问题依然突出。如何在经济发展和环境保护之间找到恰当的平衡点,成为亟待解决的核心议题。

当问及"您所居住村庄空气中垃圾气味或污染气味状况"时,调查结果如图 2-7 所示。

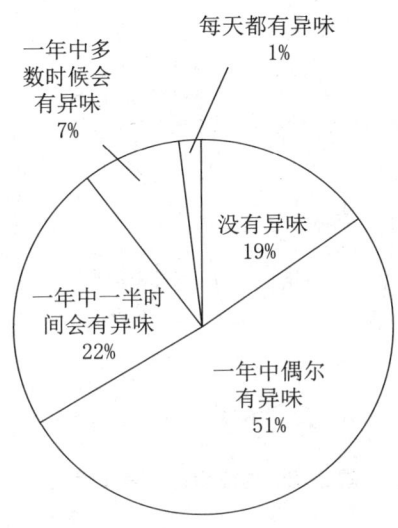

图 2-7 村庄空气中垃圾气味或污染气味状况

在所有受访者中,表示"没有异味"的占比 19%;认为"一年中偶尔有异味"的占比 51%;指出"一年中一半时间会有异味",占比 22%;表示"一年中多数时候会有异味"的占比 7%;反映"每天都有异味"的占比 1%。这一调查结果清晰地反映出,多数农村居民认为空气质量相对良好,异味问题并不严重,仅在偶尔情况下才会闻到空气中的异味;但仍有部分居民反映空气质量不佳,农业废弃物的焚烧、垃圾乱堆放等行为可能是空气污染的主要原因。特别是在农业生产较为集中的区域,某些季节空气中的异味可能会更加明显。加大空气治理力度,改善农村空气环境质量,显得尤为迫切。

关于"您所居住村庄森林状况"的调查结果如图 2-8 所示。

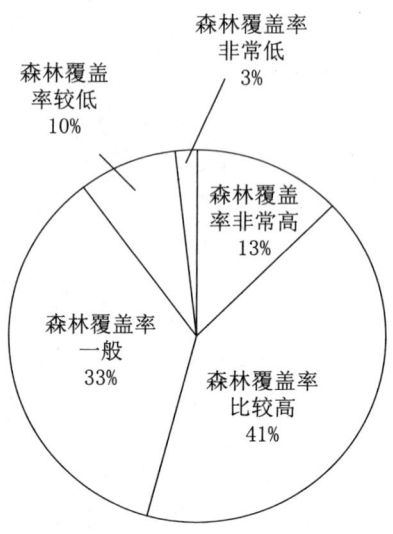

图 2-8　村庄森林覆盖率状况

在所有受访者中,认为"森林覆盖率非常高"的占比 13%;表示"森林覆盖率比较高"的占比 41%;认为"森林覆盖率一般"的占比 33%;指出"森林覆盖率较低"的占比 10%;反映"森林覆盖率非常低"的占比 3%。这些数据表明,多数农村居民对自己所在村庄的森林覆盖情况持较为乐观的态度,这反映出许多村庄的绿化水平已有显著提升,部分地区在生态建设方面取得了积极进展;但仍有部分地区森林覆盖率较低,这在一定程度上揭示了在一些经济相对落后的农村,生态建设依然滞后,森林资源的保护与恢复工作仍需进一步加强。为了实现生态可持续发展,农村地区的绿化率需进一步提高,有关部门应加大对森林资源的保护与修复力度。

关于"您所居住村庄及附近野生动物状况"的调查结果如图2-9所示。

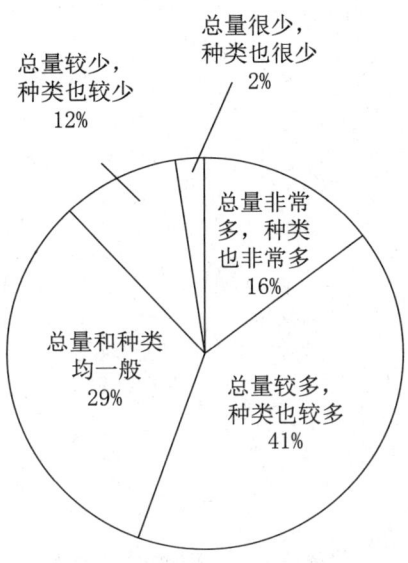

图2-9 村庄及附近野生动物状况

调查显示，认为"总量非常多，种类也非常多"的占比16%；表示"总量较多，种类也较多"的占比41%；认为"总量和种类均一般"的占比29%；指出"总量较少，种类也较少"的占比12%；反映"总量很少，种类也很少"的占比2%。从这些数据可以看出，多数农村居民认为自己所在地区的野生动物数量和种类相对丰富，这在一定程度上表明一些农村地区依然保持着良好的生态环境，为野生动物的生存提供了有利条件；但也有部分地区的野生动物数量和种类都较少，这反映出生态环境的恶化可能导致了一些野生动物的减少。保护野生动物及其栖息环境，遏制破坏生态的行为，对于维护生物多样性至关重要。

关于"您家的人均耕地面积状况"的调查结果如图 2-10 所示。

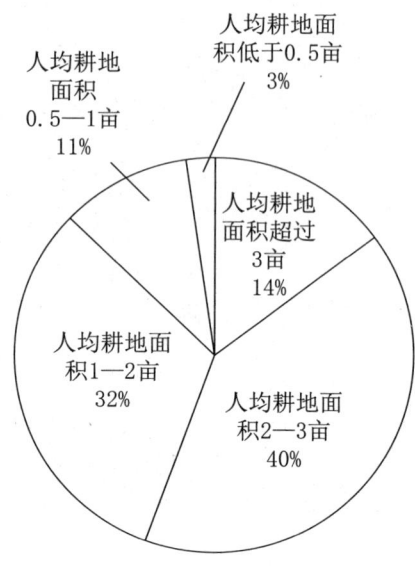

图 2-10 人均耕地面积状况

调查显示，表示"人均耕地面积超过 3 亩"（1 亩 ≈666.67 平方米）的占比 14%；指出"人均耕地面积 2—3 亩"的占比 40%；认为"人均耕地面积 1—2 亩"的占比 32%；表示"人均耕地面积 0.5—1 亩"的占比 11%；反映"人均耕地面积低于 0.5 亩"的占比 3%。这一结果反映了农村居民耕地资源的分布情况。多数受访者表示家中的耕地面积多于 2 亩，这表明农村耕地资源在一定程度上得到了保障；但也有部分农户面临耕地资源不足的问题，特别是在土地流转或土地资源分配不均的地区，部分农户的耕地面积明显偏少。耕地面积的减少会直接影响到农业生产的稳定性和可持续性。在推进农村发展和农业现代化的过程中，保障农民的耕地权益、促进合理的土地流转与利用显得尤为重要。

关于"您家耕地的土壤状况"的调查结果如图 2-11 所示。

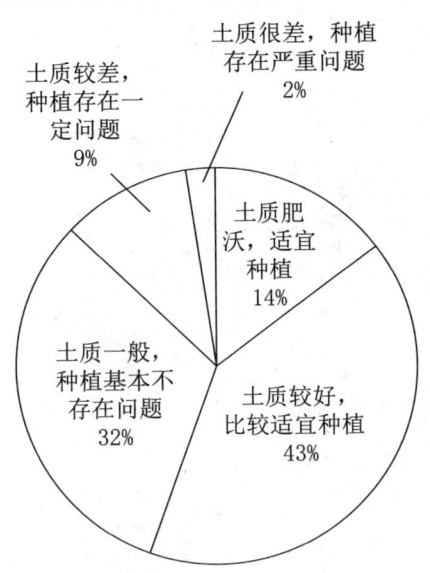

图 2-11　耕地的土壤状况

调查显示，认为"土质肥沃，适宜种植"的占比 14%；表示"土质较好，比较适宜种植"的占比 43%；认为"土质一般，种植基本不存在问题"的占比 32%；指出"土质较差，种植存在一定问题"的占比 9%；反映"土质很差，种植存在严重问题"的占比 2%。这些数据表明，多数农村居民认为家中的土壤质量较好，适宜进行农业生产；但也有部分农户反映土壤质量不佳，特别是那些长期未进行耕作修复或施用化肥不当的农田，其土壤质量已出现明显下降，影响了作物的正常生长。土壤质量的改善不仅依赖于农民的日常管理，还需要科学的土壤修复技术和合理的农业政策引导。政府有关部门应加强对农村土壤保护和修复技术的推广与应用，确保农业生产持续稳定发展。

3.农村居民对农村生产环境各项指标的评价

当问及"您所居住村庄工业企业排污状况"时,调查结果如图2-12所示。

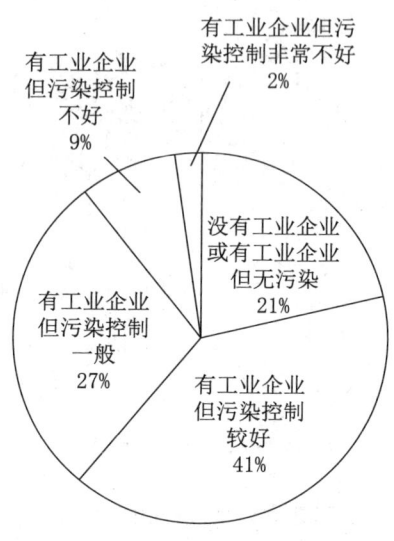

图2-12 村庄工业企业排污状况

调查显示,表示"没有工业企业或有工业企业但无污染"的占比21%;认为"有工业企业但污染控制较好"的占比41%;指出"有工业企业但污染控制一般"的占比27%;表示"有工业企业但污染控制不好"的占比9%;反映"有工业企业但污染控制非常不好"的占比2%。这一结果说明,虽然多数村庄的工业企业污染问题得到有效控制,但仍有相当比例的受访者反映当地工业企业的污染治理工作尚未到位,特别是在经济较为落后的地区,工业污染排放情况依然严峻。调查结果揭示了工业发展与环境保护之间的矛盾,政府亟须进一步加大环保政策的执行力度,特别注意农村地区的工业污染防治,并积极推动绿色经济的发展。

关于"您家在近几年少施农药的程度"的调查结果如图2-13所示。

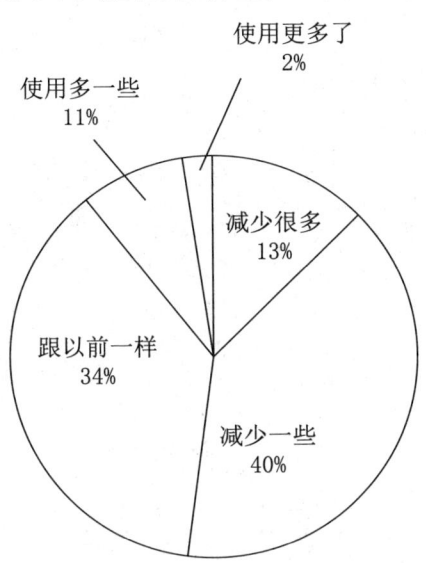

图2-13 近几年少施农药的程度

调查显示,表示"减少很多"的占比13%;指出"减少一些"的占比40%;认为"跟以前一样"的占比34%;表示"使用多一些"的占比11%;反映"使用更多了"的占比2%。这些数据显示,农村居民在减少农药使用方面已取得一定成效,共53%的受访者为了环境和自身健康,主动采取措施减少农药使用,如采用生物农药或天然材料等替代品;但仍有不少农村居民保持与过去相同的农药使用量,甚至有少部分农村居民的农药使用量有所增加。农药过度使用会对土壤和水源造成污染,影响农田生态系统的健康。推动农村绿色农业发展,减少农药依赖,对推进农业可持续发展至关重要。

关于"您家在近几年少施化肥的程度"的调查结果如图 2-14 所示。

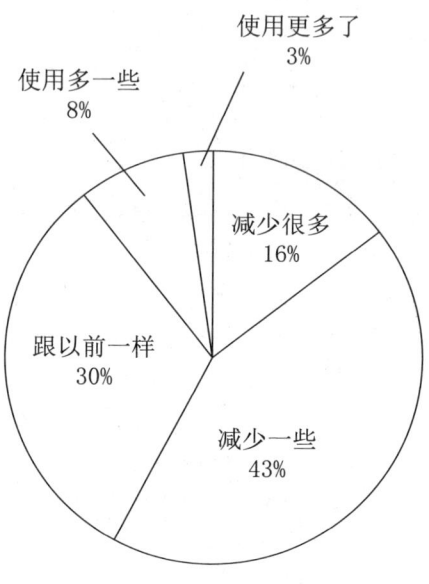

图 2-14 近几年少施化肥的程度

调查显示,表示"减少很多"的占比 16%;指出"减少一些"的占比 43%;认为"跟以前一样"的占比 30%;表示"使用多一些"的占比 8%;反映"使用更多了"的占比 3%。这一结果表明,在化肥使用方面,多数农户已意识到减少使用量的重要性,共 59% 的受访者表示化肥使用量有所减少,反映出农村居民对化肥使用的环保意识逐渐增强。减少化肥使用有助于保护土壤肥力,避免土壤盐碱化,并减少对地下水的污染。也有部分受访者表示化肥使用量未减少,甚至有少数受访者表示增加了使用量。这可能是由于对绿色农业技术和可替代肥料的了解不足,或受到传统农业习惯的影响。要促进化肥减量,政府需加大农业科技的宣传推广力度,帮助农村居民转变生产方式,采用更加环保和高效的肥料替代品。

关于"您家在近几年少用农膜的程度"的调查结果如图2-15所示。

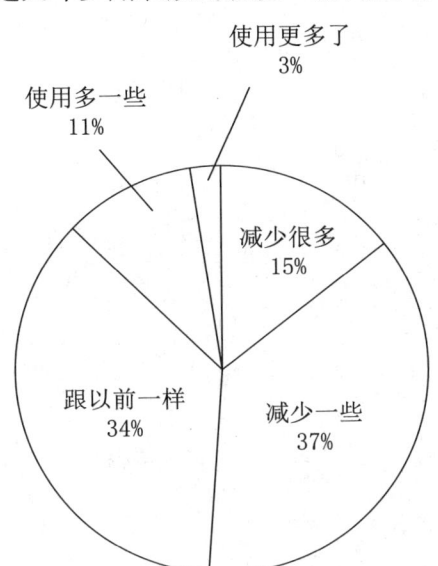

图2-15　近几年种地时使用农膜减少程度状况

调查显示，表示"减少很多"的占比15%；指出"减少一些"的占比37%；认为"跟以前一样"的占比34%；表示"使用多一些"的占比11%；反映"使用更多了"的占比3%。这一结果表明，多数农村居民在农膜使用方面已有所控制。农膜对农业生产具有促进作用，但过度使用会导致环境污染和资源浪费。共52%的受访者表示农膜使用量有所减少，反映出一些农村居民已开始意识到农膜给环境带来的负面影响，尤其是塑料污染问题。在一些地方，政府已开始推广生物降解膜等环保材料，这有助于进一步减少农膜使用对环境的负面影响。

当问及"您所居住村庄畜禽粪便污水处理排放状况"时，调查结果如图2-16所示。

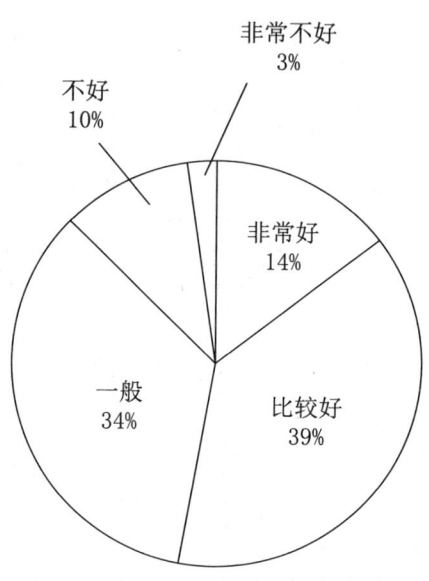

图2-16 村庄畜禽粪便污水处理排放状况

调查显示，表示"非常好"的占比14%；认为"比较好"的占比39%；指出"一般"的占比34%；表示"不好"的占比10%；反映"非常不好"的占比3%。这些数据表明，多数农村居民认为自己村庄的畜禽粪便和污水排放处理情况值得肯定，特别是14%的受访者认为处理情况非常好。近年来，随着环保意识的增强，一些农村已开始采取措施，如建设粪污处理设施、推动粪便资源化利用等，有效减少了畜禽养殖对环境的污染。但仍有一些地区污水处理设施不足，特别是在养殖业较为集中的地区，粪便和污水排放问题依然严重，影响周围环境。加强畜禽养殖废弃物的处理和利用，建设更加完善的污水处理设施已成为当前农村环境治理亟须解决的问题。

关于"您所居住村庄人居与畜禽养殖分离状况"的调查结果如图2-17所示。

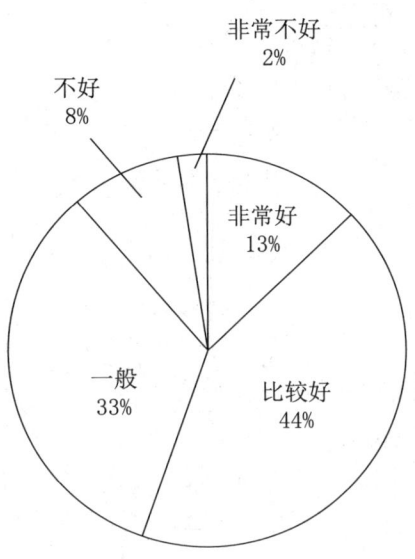

图2-17 村庄人居与畜禽养殖分离状况

调查显示，表示"非常好"的占比13%；认为"比较好"的占比44%；指出"一般"的占比33%；表示"不好"的占比8%；反映"非常不好"的占比2%。从数据来看，多数农村居民认为人居环境与畜禽养殖的分离情况值得肯定，特别是13%的受访者认为分离情况非常好。这反映出随着环境保护意识的提升，越来越多的农村开始采取畜禽养殖与居住区分开的措施，减少了空气污染和疾病传播的风险。推动农村人居环境与畜禽养殖合理分离，优化土地利用和环境布局已成为提升农村生活与环境质量的重要环节。

### 4. 农村居民对农村人居环境的评价状况

针对"您所居住村庄清洁人员状况"的调查结果如图 2-18 所示。

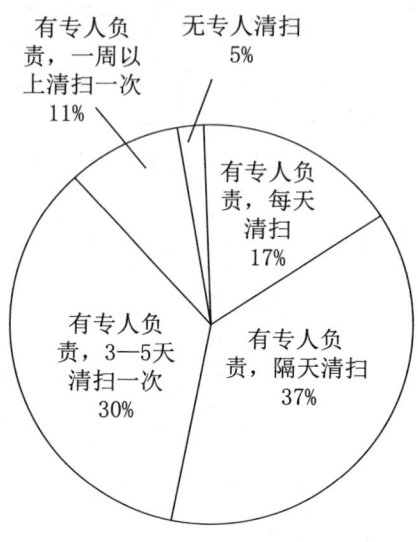

图 2-18　村庄清洁人员状况

17% 的受访者指出，村庄有专人负责清扫，且每日执行；37% 的受访者指出，有专人负责，但清扫频率为隔日一次；30% 的受访者表示，虽有专人负责，但清扫频率为 3—5 天一次；11% 的受访者反映，专人负责但清扫频率较低，超过一周才进行一次；另有 5% 的受访者表示，村庄并无专人负责清扫工作。数据显示，多数村庄在清洁管理上已有一定基础，但清洁频率的差异凸显了管理上的不均衡，清洁力度与频率仍有待提升。较低的清扫频率可能导致公共区域垃圾堆积，进而影响居住环境的整洁度与农村居民的生活质量。因此，强化基层清洁队伍建设、规范清扫标准并提升清扫频率已成为改善农村人居环境的关键措施。

关于"农用卫生厕所普及程度"的调查结果如图2-19所示。

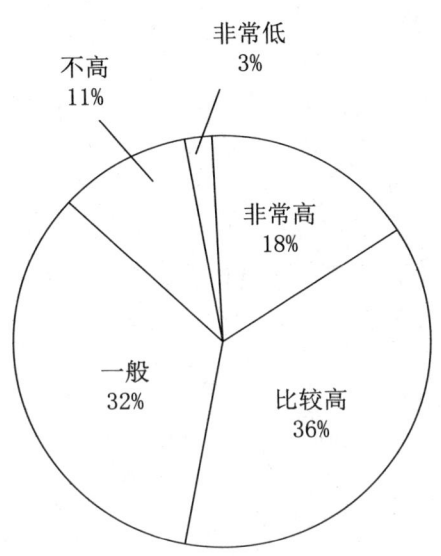

图 2-19 农用卫生厕所普及程度

对于农用卫生厕所，18%的受访者认为普及程度非常高；36%的受访者认为普及程度比较高；32%的受访者认为普及程度一般；11%的受访者认为普及程度不高；3%的受访者认为普及程度非常低。这些数据表明，尽管多数村庄的农用卫生厕所普及程度较高，但部分农村地区因经济条件较差，基础设施建设滞后，卫生设施普及率低，居民仍面临恶劣的卫生条件。推动农用卫生厕所普及，鼓励和支持农村家庭安装卫生厕所，对于改善农村居民生活环境、提升农村居民健康水平和生活质量具有重要意义。

针对"您所居住村庄危房、残破建筑等拆除状况"的询问,调查结果如图 2-20 所示。

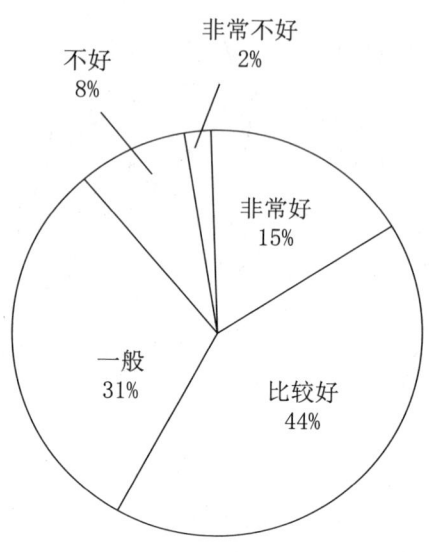

图 2-20　所居住村庄危房、残破建筑等拆除状况

对于所居住村庄危房、残破建筑等拆除状况,15% 的受访者认为拆除状况非常好;44% 的受访者认为拆除状况比较好;31% 的受访者认为拆除状况一般;8% 的受访者认为拆除状况不好,仍存在较多问题;2% 的受访者认为拆除状况非常不好,问题严重。这一结果表明,多数村庄在改善村民居住环境方面已做出努力,危房和残破建筑的拆除工作较为有效,提升了居住环境的安全性和美观性;但仍有部分村庄未能彻底解决危房拆除问题,特别是经济条件较差或远离城市的地区,危房和残破建筑依然大量存在。加强基础设施建设,特别是危旧房屋的改造和拆除工作,对于保障村民居住安全、提升环境美观度和村民生活质量至关重要。

关于"您所居住村庄乱堆乱放、乱贴乱画的整治状况"的调查结果如图2-21所示。

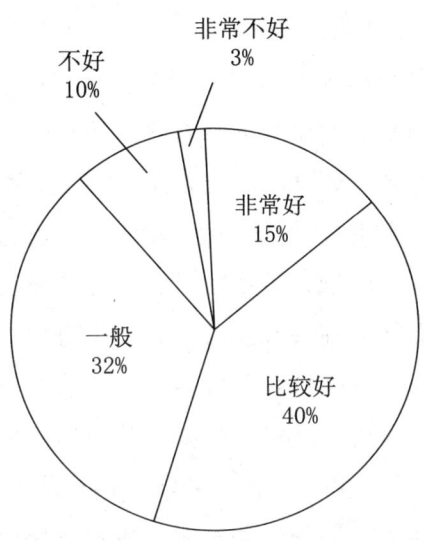

图2-21 村庄乱堆乱放、乱贴乱画的整治状况

15%的受访者认为整治状况非常好；40%的受访者认为整治状况比较好，但仍有个别地方存在问题；32%的受访者认为整治状况一般，仍有部分地方存在问题；10%的受访者认为整治状况不好，问题严重，影响环境整洁；3%的受访者认为整治状况非常不好，问题几乎无处不在。这些结果反映出，多数村庄在改善环境卫生、治理乱象方面已取得明显成效，但部分村庄管理和执行仍存在不到位的情况，垃圾堆放、杂物堆积等问题依然存在，影响村庄整体形象。要彻底解决这些问题，政府除加强日常清洁和管理外，还需提升村民环保意识和文明素质，推动乡村振兴与环保相结合，全面改善农村环境。

（四）结论汇总

调查结果显示，农村居民对农村自然环境的评价较为积极，在所有调查维度中，农村自然环境方面的评价位居前列，彰显出较为理想的生态状况。农村空气质量普遍被认可为良好，农村居民普遍反映空气中无明显污染物和异味，为其生活带来了舒适感。饮用水水质同样获得好评，多数农村居民认为自来水和井水水质安全，水源污染问题并不突出。在人均耕地面积、生态修复及生物多样性保护方面，仍有待提升。尽管多数农村地区的耕地状况相对稳定，但随着人口增长和城市化进程的加速，耕地面积逐渐缩减，土地使用压力持续增大。生态修复工作尚未达到理想水平，特别是在部分区域，退耕还林和土地复垦力度不足，自然资源恢复进程缓慢。在生物多样性保护方面，尽管部分村庄已采取初步生态恢复措施，但生态环境多样性仍面临威胁，众多野生动植物的栖息地受到人为活动干扰。农村自然环境的保护工作仍需不断强化，特别是在生态恢复、耕地保护及生物多样性保护领域，存在较大提升空间。

关于农村生产环境，调查结果显示，农村居民对工业企业排污情况的评价较为正面。多数居民认为村庄周边工业污染较少，且污染得到有效控制，仅有少数居民反映存在轻微污染问题。随着环保政策的实施，越来越多的工业企业加强了废气、废水和固体废物的处理，采用环保设备和技术，从源头上减少了污染物排放，生产环境得到显著改善。在农业生产污染方面，尽管有机农业和绿色种植方式的推广已显著减少农药和化肥的使用，但部分地区仍存在农业面源污染问题，尤其是传统农业生产区域，农药和化肥使用依然普遍，土壤和水源污染问题较为严重。在养殖业方面，尽管部分村庄已采取畜禽养殖分离措施，但仍有部分地区未完全解决畜禽污染问题，尤其是养殖场废弃物和污水处理设施不足，排放问题依然存在。这些问题表明，农村生产环境治理仍面临诸多挑战，需进一步加大农业污染治理力度，推动农业绿色发展，确保环境质量持续提升。

在农村人居环境方面，调查显示，农村居民对基础设施改善的评价较为积极，特别是在房前屋后清理、危房拆除等方面，改善措施已取得一定效果。多数村庄的危房和破旧建筑已得到拆除和整治，农村居民居住条件得到改善。部分村庄的环境整治工作也取得一定进展，垃圾堆积、乱丢乱放现象得到一定程度控制，整体环境变得更加干净整洁。在道路清洁状况方面，农村居民评价一般。尽管多数村庄道路定期清扫，但部分偏远地区道路因清扫不及时，仍存在垃圾堆积现象。收费合理性也未得到全体农村居民认可，部分村庄垃圾清理和基础设施费用收取标准不一，引发部分农村居民不满。农村人居环境的整体状况仍有改善空间，尤其是在垃圾处理、道路清洁和基础设施完善方面，需进一步提升。

调查还显示，农村居民了解环境保护措施的态度较为积极，政府和村委会在此方面的宣传发挥了重要作用。通过政府政策宣讲和村委会引导，农村居民对生态保护、环境治理及可持续发展的重要性有了较为清晰的认识。在日常生活中，越来越多农村居民参与环境保护活动，如垃圾分类、减少化肥农药使用、保护水源等。政府推动的农村环境治理工程，如农村垃圾集中处理、污水处理设施建设等，也得到了农村居民的支持和配合。农村居民对当前环境保护政策的认同度较高，认为政府在农村环境治理方面发挥了积极作用，但仍有不少农村居民认为政府在政策执行和环境治理实际效果方面存在不足。部分地区环境治理措施未能有效落实，农村居民对政策执行力度的担忧依然存在。

从整体评价来看，农村居民对当前环境状况普遍较为满意，评价介于"比较好"和"非常好"之间。与前几年相比，农村环境得到明显改善，生态环境政策实施已初见成效，农村居民生活质量得到提升。这种变化表明，农村环境保护政策的实施已产生积极影响，农村自然环境、生产环境和人居环境逐步向好。但农村居民也清醒地认识到，农村环境保护工作尚未完成，仍存在诸多亟待解决的问题。特别是在农业面源污染、畜禽污染等方面，农村环境治理仍有较大提升空间。对于这些问题，农村居民普遍认为政府应承担更大责任，尤其是在政策执行和监管方面，应更加严格有效。

农村生态环境多元共治主体协同治理的实现机制

# 第二节 国内外农村生态环境治理经验

日本、韩国在农村建设过程中,也曾面临如何与环境治理相协调的问题。这两个亚洲国家的经历中既有环境破坏的教训,又有值得我国借鉴的经验。美国在农业现代化的发展过程中,也出现了环境污染、生态破坏的问题。为了保证农村的持续发展,这些国家都积极制定了相应的法律法规,发展绿色环保技术,运用先进的农业发展模式,通过管理和技术手段的创新,逐渐遏制了农村生态环境恶化的趋势。我国的社会主义新农村建设开展以来,一些地方对农村生态环境治理也进行了积极的探索。当然日、韩、美等国家当时所处的历史发展阶段、基本国情、发展道路与中国存在明显不同,国内新农村建设模式多样,经济、环境等条件差异很大,各地农村生态环境保护既要借鉴已有的经验教训,更要结合实际、因地制宜、因时制宜,探索各自新农村生态环境治理之路。本节介绍国内外农村生态环境治理的情况,系统总结国内外农村生态环境治理的成功经验和做法,这些对于促进我国农村生态环境治理工作具有十分重要的借鉴意义。

## 一、国外农村生态环境治理经验

### (一) 日本

20世纪50年代开始,日本相继启动了"新农村运动""美丽乡村运动""造村运动",宗旨在于通过多种产业策略推动农村经济的繁荣,进而带动社会的全面进步。日本高度重视将生态环境治理与农村建设相融合,力求在经济发展中确保生态的可持续性。在此过程中,日本探索并积累了一系列具有借鉴价值的农村生态环境治理经验,部分经验至今仍具有深远的启示意义。

日本成功经验之一在于其强调农村建设的全局性谋划，并深入探究农村治理理论。通过制定详尽的规划体系，日本成功引入社会资本，为农业发展提供了坚实的资金支撑，并通过规划明确了农村建设的方向。此举不仅优化了资源配置，还确保了农村建设的有序性。日本在理论创新方面亦有所建树，平松守彦提出的"磁场理论"便是典型例证。该理论着重于构建具有吸引力的区域，以防止人口流失，进而增强农村地区的可持续发展潜力。[①] 日本的这些实践经验为我国推进新农村建设提供了宝贵的参考，特别是在如何平衡农村经济发展与生态保护的关系方面。

日本通过积极推广新技术，加快了农村环境治理的步伐。在农业生产领域，生物技术的发展和农产品改良技术的运用显著提升了农业生产的效率和环保水平。利用基因改良技术提高农作物的抗病虫害能力，从而减少化学农药的使用，既保障了农产品的质量，又有效降低了农业面源污染。日本还大力推进绿色农业和循环农业技术应用，实现了农业生产与生态环境保护的和谐共生。

在农村发展过程中，日本注重民族特色和区域特色产业的培育，强调依据不同地区的资源条件和文化特色，打造具有地方特色的产业。这种因地制宜的产业规划不仅促进了农村经济的多元化发展，还为地方生态环境的可持续性提供了有力保障。一些地区通过发展特色农产品，不仅增加了农民收入，还有效保护了当地的生态资源。这一策略对于我国推进农村生态环境治理具有重要的参考价值，我国可以根据各地的实际情况，结合特色产业的发展，探索既能促进经济发展，又能保护生态环境的双赢路径。

---

① 平松守彦.一村一品运动：日本振兴地方经济的经验[M].上海国际问题研究所日本研究室，译.上海：上海翻译出版公司，1985：64.

**农村生态环境多元共治主体协同治理的实现机制**

在日本，农村治理不仅仅依赖于政府的行政管理，更依赖于民众的广泛参与和支持。为了促进居民的积极参与，日本建立了覆盖全国的联合行动网络，确保了农村治理的全面性。这些组织不仅帮助农民更好地理解和执行环境保护政策，还在具体的生态环境治理实践中发挥了关键作用。通过这样的组织网络，农村居民的环保意识得到了显著提升，参与环保行动的积极性也大大增强。对于中国而言，加强农村居民组织建设，提升农村居民自我管理和自我治理的能力同样是推动农村生态环境保护的重要途径。

日本出台了一系列与环境保护相关的法律法规，为农村生态环境治理提供了坚实的法律保障。《废弃物处理法》便是其中一项重要法律，该法律详细规定了垃圾处理的方式，并强调了废弃物的回收利用。除了法律保障，日本还积极推动环境保全型农业的发展。环境保全型农业的核心理念在于通过生态农业的方式，减少对环境的不良影响，同时确保农业生产的可持续性。这一模式为我国的农村生态环境治理提供了宝贵经验，特别是在如何实现农业与环境的双赢方面，具有重要的借鉴意义。日本政府还通过设立补助金农政，为农业提供资金支持，并通过政策性融资促进环保项目的实施。①

### （二）韩国

在韩国，伴随着工业化进程的快速推进，城乡之间的差距日益显著，农村人口大量迁移至城市，贫富差距亦随之扩大，这一系列问题为农村地区的可持续发展带来了前所未有的挑战。为了有效应对这一困境，韩国政府在20世纪70年代启动了"新村运动"，其核心目的在于通过优化城乡关系、促进农村发展以及提升农民收入，重振农村活力。

---

① 陈润羊. 新农村环境保护：国外经验借鉴和启示 [J]. 世界农业，2011（12）：21–26.

在"新村运动"中，韩国政府尤为注重激发农民的积极性和自主性，视农民为农村建设的核心力量。政府积极支持村民自治组织的成立，大力扶持"新村运动"中的骨干力量，鼓励农民在环境治理中发挥引领作用。村民自治组织凭借自身力量，协调解决了诸多农村生态环境问题，有效提升了农民参与治理的热情。韩国政府在"新村运动"中的主导作用同样至关重要。政府通过一系列政策和措施，确保了"新村运动"的顺利推进，特别是在资金支持方面提供了坚实的保障。政府采取工业反哺农业、城市支援农村的策略，确保了农村生态环境治理资金来源的稳定，推动了农村经济与环境的同步发展。这些政策的实施为农民提供了直接的经济援助，为农村生态环境治理提供了必要的物质支撑。政府通过引导资金向环保项目倾斜，促进了农村环境的持续改善。基础设施建设始终是韩国"新村运动"的重要组成部分。在农村生态环境治理中，基础设施的完善为治理工作的顺利开展提供了坚实的物质基础。通过改善污水处理、垃圾处理及绿化等基础设施，政府为农村生态环境治理奠定了坚实的基础。这一系列基础设施的改进使农村地区的生态环境逐步恢复，农民的生活质量也显著提升。

在农业领域，韩国政府大力推动环境友好型有机农业的发展。1997—1999年，韩国陆续通过了《生态友好型农业和渔业法》《农水产品质量管理法》等法律，致力规范农业生产行为和活动，减少农业活动对环境的负面影响。农民教育在韩国"新村运动"中的作用同样不容忽视。为了提升农民的环保意识和治理能力，政府通过多种渠道开展农民教育，特别是生态环境保护方面的教育。

农协等农村组织在韩国"新村运动"中也发挥了举足轻重的作用。农协作为一个具有广泛影响力和动员能力的农村社会组织，在推动农村生态环境治理的过程中，起到了桥梁和纽带的作用，还通过组织活动、提供技术支持等方式，帮助农民更好地理解和执行环境保护政策。

### (三)美国

在美国,农业机械化发展大大提高了生产效率,但也带来了诸多环境问题。特别是农业机械的广泛使用导致了大量能源的消耗和废气的排放,进而加剧了农村的环境污染。面对日益严重的环境问题,美国联邦政府采取了多种有效措施,从行政、技术和教育等多个层面加强农村生态环境治理。通过一系列政策的制定和实施,美国在有效治理农村生态环境的同时,也推动了农业的绿色转型,并取得了显著的治理成效。

美国联邦政府尤为注重制定和完善法律政策,以确保农村生态环境治理的有序开展。1972年起,美国相继出台了《清洁水法》《安全饮水法》以及《联邦杀虫剂、杀菌剂和杀鼠剂法案》等一系列法律,这些法律为环境治理提供了坚实的法律基础,也为治理工作提供了明确的操作规范。在环境政策方面,美国更注重采用鼓励型和自愿型政策。2003年,美国环保署制定了《公众参与政策》,通过鼓励公众参与环境治理决策,提升了农民和其他农村居民在环境保护中的参与度。美国的这种政策导向使农民从被动的执行者转变为环境治理过程中的积极参与者。美国开发了多种农村治理项目,通过综合手段治理农村环境。20世纪80年代中期,美国对农业资源和环境保护的重视程度不断上升,通过实施农业环保项目,美国逐渐遏制了农业对环境的破坏,推动了农村生态环境的恢复与改善。

在农业投入品的管理方面,美国政府采取了一系列有效措施,通过登记注册、发放农药使用证书、加强基础研究与监测等手段,严格监管农业投入品的使用,减少了化学农药的过度使用,降低了土壤和水源被污染的风险。①美国注重环境治理知识的传播与普及,广泛的宣传和教育活动提高了农民对环境保护的认知水平,也提升了他们的环保意识。

---

① 于善波.基于农户视角的东北粮食主产区农村生态环境管理:现状、机制与对策[M].北京:经济科学出版社,2012:58.

## 二、国内农村生态环境治理经验

### （一）江苏

江苏省位于中国东部沿海的长江三角洲地带，地理位置优越，由于其土地资源有限且人口密度高，所面临的环境问题尤为严峻。近年来，江苏省在推进农村生态环境治理方面，采取了一系列系统化的整治举措，积极推动环境治理与农村建设的深度融合。

在江苏省的农村生态环境治理工作中，清理垃圾与构建垃圾集中处理机制成为治理的重点任务之一。农村生活垃圾的无序堆放及处理难题是导致农村生态环境恶化的重要因素之一。为了破解这一难题，江苏省采取逐层推进的方式，从村、镇、县逐级构建起垃圾处理体系，通过建立和完善垃圾分类与收集机制，确保垃圾能够得到及时清理和处理。

江苏省在推动粪便治理方面也采取了有力举措：为了有效控制农村污染源，江苏省推行人畜分离，并对人畜粪便进行无害化处理；加强厕所改造和污水处理设施建设，实现了粪便的集中处理和资源化利用，既减轻了环境压力，又提升了农业生产效益。江苏省在解决农村卫生问题的基础上，进一步推动了生态农业的发展。

秸秆焚烧一直是农村环境治理中的一大难题，既会造成空气污染，又可能引发火灾事故。为了应对这一挑战，江苏省大力发展秸秆清洁利用技术，实施秸秆的高效处理。这一措施有效减少了秸秆焚烧带来的污染，还通过科学的技术手段将秸秆转化为有用资源，推动了农业资源的循环利用。江苏省在清理水体污染方面也做出了积极努力，尤其是在太湖流域的治理上。太湖作为江苏省的主要水系之一，其水体污染问题一直备受关注。为此，江苏省启动了河道清理和水面管护制度，致力改善水体质量。通过加强水源保护、河道清理和污水处理设施建设，江苏省逐步推进了水污染的防治和治理工作。①

在工业污染治理方面，江苏省采取了源头治理的策略。江苏省通过排污交易权制度对企业排污进行有效约束，并采取行动阻止工业污染源向农村地区扩散；还加强了对向农村转移的工业污染的治理，有效避免了城市工业污染向农村地区的转移，从源头上降低了农村生态环境的污染风险。

### （二）重庆

重庆市是我国统筹城乡环境保护试点工作的先行者之一。2007年起，重庆市被批准为全国统筹城乡环境保护工作试点，这标志着重庆市在环境治理领域迈入了一个崭新的阶段。此后，重庆市政府不断调整政策和措施，积极探索符合当地实际情况的环境治理路径，在统筹城乡环境保护方面的经验，特别是在城乡一体化的环境治理上，具有重要的示范引领作用。

在统筹城乡环境保护的过程中，重庆市首先对生态功能区的规划进行了调整。通过对生态功能区的重新划定，重庆市明确了城乡地区的功能定位与发展目标，确保了各地区所承担的环境治理任务和责任的落实。

重庆市在统筹城乡环境保护方面的另一项重要举措是加强农村饮用水水源的保护。鉴于农村地区水质问题较为突出，重庆市通过加强水源保护和生活污染治理，探索出了一条适合农村发展的环境保护新路径。在这一过程中，重庆市结合农村经济发展和人口流动情况，探索出了生态保护与经济发展的良性互动模式。

为了强化城乡一体化的环境监测与预警机制，重庆市进一步完善了环境质量监测体系。这一体系涵盖了城市环境质量的监测，涉及农村地区的环境状况，为环境治理决策提供了有力的数据支撑。通过环境监测，

---

① 花明，陈润羊，华启和.新农村建设：环境保护的挑战与对策[M].北京：中国环境出版社，2014：41.

重庆市能够及时掌握环境变化动态，采取相应的治理措施，从而确保了环境保护工作的高效推进。重庆市还构建了城乡一体的环境管控体系。这一体系不仅包含了环境治理的工作机制，还整合了污染物排放总量控制、部门联动、社会监督等多方面的资源和力量。在此基础上，重庆市加强了环境质量的改善和污染控制，逐步实现了城乡环境的协同治理。在推进城乡一体化环境治理的过程中，重庆市还积极开展社会监督机制的建设。通过引入社会监督，重庆市增强了公众对环境治理工作的参与和监督力度，促使政府更加透明地开展治理工作。

### （三）宁夏回族自治区

宁夏回族自治区地处中国西北内陆，作为一个经济相对欠发达的地区，近年来在农村生态环境治理领域取得了显著成就，走在了全国的前列。宁夏回族自治区的成功实践为其他地区提供了有益的参考，特别是在政策措施、机制创新、重点整治、规划设计等方面的探索具有较高的指导价值。宁夏回族自治区的农村生态环境治理工作充分发挥了政府的引领作用，同时注重激发社会各界的积极性，逐步改善农村生态环境。

得益于政策措施的坚实保障，宁夏回族自治区农村环境治理得以稳步前行。2010年，宁夏回族自治区党委、政府发布了《自治区党委 人民政府关于加强农村环境保护工作的意见》，明确了工作的核心要点和具体任务。这一政策文件的出台为政府和相关部门提供了清晰的方向和行动纲领，确保了环境治理工作的有序开展。通过政策的引导，宁夏回族自治区在农村生态环境治理方面取得了较为显著的成效。政策明确规定了地方政府的职责，并要求各级政府将农村生态环境治理纳入重要议程，从而确保了各项工作的有效实施。

为进一步推动环境治理，宁夏回族自治区还致力机制创新。宁夏回族自治区构建了全面的农村环境保护体系，成立了环境保护专家库，并在各村镇组建了保洁队伍。这一机制的创新大大提升了农村环境治理的工作效率，并确保环境治理的实施更加专业化和系统化。通过成立环境保护专家库，宁夏回族自治区能够及时获取外部技术支持和治理建议，确保农村环境治理措施的科学性和有效性；保洁队伍的组建则有助于改善村镇的环境卫生状况，为农村生态环境的持续改善奠定了坚实基础。

宁夏回族自治区的重点整治举措也是其成功的关键因素之一。自治区党委和政府结合实际情况，因地制宜地开展了农村环境整治工作，重点解决了村镇生活垃圾处理和污水排放问题。通过这一系列整治举措，宁夏回族自治区不仅有效解决了农村垃圾堆积问题，还通过污水治理，降低了水源污染对环境的影响。垃圾和污水排放问题一直是导致农村生态环境恶化的主要原因，宁夏回族自治区通过加大整治力度，逐步完善了农村地区的基础设施，提升了农村居民的生活质量。

在推动农村环境保护的过程中，宁夏回族自治区注重规划引领，制定了系统的规划文件，以保障农村环境治理工作的科学性和有效性。为确保各项环境治理措施能够系统化实施，宁夏回族自治区出台了《宁夏农村人居环境整治提升五年行动实施方案（2021—2025年）》和《宁夏回族自治区生态环境保护条例》。这些文件为宁夏回族自治区的农村环境治理提供了明确的方向和行动步骤，确保了各项治理措施能够因地制宜地开展。通过因地制宜的治理模式，宁夏回族自治区有效避免了"一刀切"的问题，使环境治理工作更加符合实际需求，取得了良好效果。

### 三、国内外农村环境治理经验对中国农村生态环境治理的启示

国内外的成功经验为我国农村生态环境治理提供了诸多有益启示。充分发挥政府的主导作用对于农村生态环境治理至关重要。政府应通过搭建与公众对话沟通的平台，促进各方的积极参与；应发挥新闻媒体的宣传和监督作用，调动社会各界的积极性，从而推动农村生态环境治理工作的顺利实施；还应加强环境法治宣传，使法律成为环境保护的重要支撑；运用多样化的市场手段也是推动农村生态环境治理的有效途径，

可以为农村生态环境保护提供多元化的资金支持。政府可以通过鼓励社会资本的投入,吸引企业参与环境治理,还可以通过绿色金融等手段,推动农村环境治理工作的可持续发展。市场手段能够为农村环境治理注入更多资金和技术支持,从而推动绿色发展。

农村生态环境治理必须因地制宜,采用复合型的管控手段。不同地区的农村生态环境状况和经济发展水平存在差异,在治理过程中,政府应根据地方实际情况制定相应的政策措施。在此过程中,政策和法律应作为主导手段,而技术手段、规划设计等作为辅助手段。政策、法律与技术等的有机结合能够形成合力,共同推动农村生态环境的改善。为确保农村生态环境治理工作的高效进行,进一步完善环境治理体制和机制至关重要。政府应加强农村生态环境治理机构的建设,配备专业人员,确保每一项治理措施得到有效实施;还应加强与农业部门的协作,形成更加紧密的工作机制。建立自上而下的环境治理专门机构,为治理工作提供更多支持。

完善的法律法规体系是农村生态环境治理的根本保障。只有在法律制度的框架下,农村生态环境治理工作才能更加规范和高效。政府应不断完善环境保护相关法律,确保其能够适应农村环境治理的实际需求。法律的执行力度也至关重要,政府应加大对环境违法行为的处罚力度,确保法律在农村环境治理中的威慑力。建立高效的治理机制,增强多部门协调配合能力也是确保农村环境治理成功的重要手段。在农村生态环境治理的过程中,各部门的协作尤为重要。只有通过多部门的合作,形成统一、协调、紧密的工作机制,才能有效推进环境治理工作。政府还应加强对环境质量的监测和预警,确保环境治理工作能够及时应对突发事件,保持治理工作的持续性和稳定性。

农村生态环境多元共治主体协同治理的实现机制

# 第三节 农村生态环境协同治理的必要性

## 一、协同治理根植于农村生态环境及其保护的特性

生态环境作为一种公共产品,其公共性质对生态环境的保护与治理提出了特定的要求。作为公共资源,生态环境兼具纯公共物品与准公共物品的双重属性,公共性乃是其显著特征之一。生态环境的公共性主要体现在其非排他性与非竞争性上,即个体享受生态环境带来的益处,并不会削减其他人享受这一环境的机会,反之亦然。在同一区域内,无论是山川、河流,还是空气、森林等自然资源,均可为所有人共同享有,而不会相互排斥。基于此,生态环境无法像商品那样通过排他性权利明确归属某一主体,而是全社会的共同财富。正因生态环境具有这种公共性特征,任何个体或组织在享用环境资源时,无须支付相应费用,其他人亦难以被轻易排除在外。这种"免费"享用的特性使得公共环境的治理显得尤为重要。

除公共性之外,外部性亦是生态环境的特征之一。外部性是指某些经济行为对他人产生的无偿影响,通常表现为一种无法被市场机制有效反映的效应。在天然的生态环境资源中,外部性问题往往较为隐匿,原因是这些资源本身并不参与市场交换。当这些原生态资源被纳入人类的生产和消费过程时,外部性问题便显露无遗。工业活动、农业生产等人类经济行为往往会导致环境污染和资源枯竭,进而造成环境质量的下降。由于生态环境的公共性,这种由个体经济活动所产生的外部性通常无法通过市场进行有效调节,从而使得环境资源的开发过程缺乏足够的约束和监管。工业排放的废气、农业中农药和化肥的过量使用、城市化导致

的绿地减少等均是这种外部性问题的具体表现。在这些经济活动中,虽然参与者通过生产和消费活动获得了利益,但环境所承受的负面影响往往未得到有效补偿。经济活动的损害未通过市场价格传递给行为主体,而是由社会公众和环境本身默默承受。生态环境的外部性使得环境保护工作更加复杂,也使得单纯依靠市场和单个行为体的自觉变得不切实际。

生态环境并非单个资源的简单集合,而是一个具有复杂联系和相互依赖的系统。生态环境的不同部分之间存在着紧密的联系,某一部分的破坏可能引发整个生态系统的失衡。这种系统性的特征决定了生态环境的治理不是局部的、片面的行为,而是涉及不同地域、不同领域、不同政策的综合调节行为。特别是在跨地域、跨国界的生态保护工作中,生态环境的整体性使得单一行政单位或国家难以独立应对相关问题,必须依靠国际合作、区域协同治理等手段。生态环境的整体性要求治理机制不仅关注个体行为的调控,还强化跨领域、跨地域的合作与协调。在全球化和区域一体化的背景下,生态环境治理必须在更大范围内实现资源共享和责任共担,方能达成治理目标。

生态环境的这些特性使得其保护和治理成为一项系统工程,需要各方共同努力。尤其是在农村地区,生态环境往往未得到足够的重视,导致一些地区的生态问题日益严重。随着工业化进程的加快,农村地区的生态环境面临严峻挑战。土壤污染、水源污染、植被破坏、农业面源污染等问题日益影响农村居民的生活质量,破坏了自然资源的可持续性。由于农村地区的生产力较低、经济发展相对滞后,生态环境问题往往被忽视或淡化,无法得到及时治理和修复。在这种情况下,生态环境的恶化既直接影响农村居民的生存环境,也制约了农村经济的可持续发展。农村生态环境保护工作显得尤为迫切,必须尽早采取有效措施,防止环境问题进一步恶化。

农村生态环境的治理既关乎农村居民的生活质量,又关乎整个社会的可持续发展。在此背景下,协同治理的理念逐渐获得广泛认可。协同治理是一种强调各方共同参与、共同决策、共同承担责任的治理模式,其依赖政府部门的力量,呼吁社会各界积极参与。农村生态环境治理的协同模式能够调动各级政府的积极性,同时发挥农民、企业、社会组织以及其他利益相关方的作用,形成全社会共同参与、共同决策、共同监督的良性互动。

农村生态环境治理的协同模式具有显著优势。协同治理能够整合各方资源,形成合力。在传统治理模式下,政府通常占据主导地位,而农民、企业等其他主体的作用相对有限。这种单一主体主导的治理方式易导致资源浪费和责任推诿。而在协同治理模式下,不同利益相关者可在共同平台上交流意见、分享资源、协调行动。

协同治理能够弥补单一治理主体的不足。农村生态环境问题的复杂性要求治理措施必须具有多维度、多层次的特点。单一的行政力量难以应对复杂的环境问题,而协同治理通过多个主体的参与,能够从不同角度、不同层面加以解决。政府可在制定政策和规划方面发挥主导作用,企业可提供技术支持和资金保障,农民可参与环境保护的实际行动,社会组织则可在宣传教育、舆论监督等方面提供支持。通过各方力量的整合,协同治理能够更好地应对生态环境治理中的挑战。在农村生态环境保护中,政策执行常面临地方政府执行力不足、政策实施不到位的问题。协同治理能够提高政策执行的有效性。

## 二、对协同治理的期待与农村生态环境治理变迁的内在逻辑相契合

长期以来,我国的环境政策多聚焦于城市问题。随着城市化步伐的加快,城市生态环境治理成为政策的主攻方向。尽管近年来农村议题逐渐跻身中央政策的重要议程,尤其是中央一号文件长期将农村发展置于核心位置,但这种聚焦更多倾向于农民的福祉和农村经济的发展,而非农村生态环境的保护。由于这种政策导向,农村生态环境治理的进程较为滞后,相关政策和措施的实施较为不足。

之前，我国的政策体系更为强调农村经济的迅猛发展，而忽略了生态环境的保护。在经济快速增长的同时，农村生态环境遭到一定的破坏。土地退化、水源污染、化肥和农药的过度使用等问题愈发凸显，这些问题严重阻碍了农业的可持续发展和农村居民生活质量的提升。政府在这些领域的介入力度明显不足，农业面源污染和生态修复等问题仍未得到切实解决。

现行的《中华人民共和国环境保护法》第六条规定，地方各级人民政府应当对本行政区域的环境质量负责；第三十三条指出，各级人民政府应当加强对农业环境的保护，促进农业环境保护新技术的使用，加强对农业污染源的监测预警，统筹有关部门采取措施，防治土壤污染和土地沙化、盐渍化、贫瘠化、石漠化、地面沉降以及防治植被破坏、水土流失、水体富营养化、水源枯竭、种源灭绝等生态失调现象，推广植物病虫害的综合防治。农村生态环境的治理在现行法律框架下主要由地方政府主导，采取的是属地管理的模式。这种模式的核心优势在于，它能够确保政策执行的力度，地方政府的主导作用可以保证环保工作在实际操作中不流于形式。但这一管理模式也显现出一些问题，使得生态环境治理的成效未能得到有效保障。在此背景下，农村生态环境治理迫切需要创新治理模式，逐步实现从单一政府主导向多元主体协同治理转变。

协同治理的核心在于汇聚各方力量，通过合作来达成共同的目标。在生态环境治理中，各种利益主体，如政府、企业、农民、社会组织等，均应当在治理过程中发挥作用。通过协同治理，不同的主体可以协调各自的利益，共同推动生态环境的改善。协同治理的优势在于能够汇聚各方智慧和资源，形成合力，增强治理的针对性和有效性。农民可以通过参与生态保护行动，改进农业生产方式，减少污染物的排放；企业则可以通过技术创新和资源投入，为农村提供可持续发展的技术支持；而社会组织则能够通过普及环保知识、促进舆论监督等方式，为政策的有效执行提供保障。

为了适应农村生态环境保护的现实需求,协同治理不仅要求各方参与者在政策制定、资金投入、技术支持等方面开展合作,还需要在监督、信息共享、成果评估等环节进行广泛的互动和协作。协同治理的最终目的是打破传统的"各自为政"局面,促使所有相关方形成统一的治理行动,从而实现农村生态环境的可持续发展。无论是政府层面的政策引导,还是社会力量的广泛参与,协同治理都能够为农村生态环境保护提供更多的可能性。

在协同治理的过程中,政府的作用依然至关重要,但必须突破传统的管理模式,探索更为灵活和高效的治理结构,使各个治理主体的作用得到充分发挥,政府、农民、企业和社会组织将形成更为紧密的合作关系,共同推动农村生态环境的持续改善。随着协同治理理念的不断深化和实践,农村生态环境的治理水平有望得到显著提升,为实现乡村振兴和可持续发展奠定坚实基础。

在政府主导的治理模式下,农户作为治理的关键主体之一,其参与的积极性往往未能得到充分激发。他们的参与不仅关乎环境保护的成效,还直接影响农村生态环境的可持续发展。要改变农户环保意识薄弱和参与积极性不足的情况,就必须加强农户的环保教育,提升其对环境保护的认识水平,并通过创新治理模式调动农户的积极性。政府应当鼓励农户更多地参与生态环境治理的决策和实施过程,提升其在生态环境保护中的话语权和参与感。通过政策引导、技术支持和经济激励等手段,政府能够引导农户主动采取环保措施,改进农业生产方式;通过生态补偿机制等手段,政府能够实现环境保护与农户经济利益的共赢。

在政府主导的治理框架下,市场在农村生态环境治理中的参与度相对有限,未能充分展现其应有的影响力,这在一定程度上制约了治理成效。若要从根本上应对农村生态环境问题,市场应在引导和规范生产与消费行为上扮演关键角色。市场对绿色农产品需求的调控可以从源头上激励农民减少对化肥和农药的依赖,进而有效降低农业面源污染程度。

随着消费者生态环境保护意识的日益增强，绿色农产品的市场需求不断增长。这种需求导向能够激励农民转变传统农业生产模式，采用更为环保和可持续的农业生产方式。

党的十九大报告明确提出："构建政府为主导、企业为主体、社会组织和公众共同参与的环境治理体系。"① 这一战略导向为农村生态环境治理指明了清晰路径。党的政策倡导多元主体的协同参与，构建了政府、企业、社会组织及公众相互协作的治理模式。协同治理模式能够将市场力量与政府主导的政策措施相结合，实现多方参与、资源整合和协同推进。政府应通过政策和法律规范引导市场健康发展，并加强对市场行为的监管，确保市场机制在生态环境保护中发挥正向引导作用。企业作为农村生态环境治理的重要参与者，能够通过技术创新、产品研发以及绿色生产方式的推广，提升农产品的绿色化水平，减少生产过程中的环境负面影响；还能通过建立绿色供应链，推动农业产业结构的优化调整，进一步强化农村生态环境保护。在此过程中，社会组织与公众的参与同样至关重要。社会组织可通过宣传、培训等方式提升农民的环保意识，推动他们改变传统生产方式，积极采用环保技术和可持续的农业生产方法；公众的环保行为，如绿色消费，也能向市场传递积极信号，推动绿色农业蓬勃发展。

---

① 习近平. 决胜全面建成小康社会 夺取新时代中国特色社会主义伟大胜利：在中国共产党第十九次全国代表大会上的报告 [EB/OL].（2017–10–27）[2025–04–25]. https://www.gov.cn/zhuanti/2017–10/27/content_5234876.htm.

# 第三章 农村生态环境多元共治主体协同治理相关概念梳理

# 第一节　农村生态环境的概念界定

对农村生态环境的理解需要考虑生态系统和环境系统两大系统的相互交融与影响。多数情况下，这两大系统被视作一个统一而全面的概念——"生态环境"。此概念囊括了自然生态的种种动态平衡机制，涵盖了人类对自然环境施加的影响及调整。从全局视角来看，农村生态环境特指以农村居民居住点为核心的区域内部所有环境因素的总和。这既包括大自然赋予的原始环境，又涉及人类活动所塑造的环境。

在这一框架下，农村生态环境与农村的生产、生活紧密相连，是大气、土壤、水资源等环境资源要素的集合。这些要素相互作用，共同构成了农村地区的综合生态环境体系。人类活动，无论是农业生产还是社会经济活动，均持续影响着这一体系的演进。人类的能动作用在此呈现为双面性：通过科学的生态管理和环保举措，推动生态环境的可持续发展；若管理失当，则可能导致环境恶化与生态失衡。

深入分析农村生态环境的构成，包括自然环境和人为改造的环境要素。自然环境主要指的是未经人为干预的自然条件，如土壤、水体、大气及生物多样性等；而人为改造的环境要素是指人类为满足生活、生产需求，对自然环境进行的调整与改造，如灌溉系统、排水系统、耕地及居住区的建设等。管理与保护这些环境要素对于维系区域生态平衡至关重要。农业活动需合理规划与实施，以避免对土壤和水资源的过度开发，从而防止资源枯竭与生态退化。工业发展亦需严格管控，以避免工业污染物对空气和水质造成不可逆的影响。具体而言，需要提升农民的环保意识，引入更多生态友好型技术与方法，以及制定有效的环境监管与保护政策。构建坚实的沟通桥梁，促进人与自然间的和谐互动，亦是推动农村生态环境可持续发展的关键。这种沟通桥梁的构建可通过教育、社区活动及政策引导等途径实现，使农村居民不仅认识到生态保护的重要性，还能积极参与其中，共同进行保护自然的社会行动。

## 第二节 生态环境治理的概念界定

生态环境治理的核心思想是全方位整治自然环境和社会环境，包括农村的生活环境、土地状况、大气状况和水资源状况等诸多方面的整治[①]，即要对农业面源污染、大气污染、水体污染、生活垃圾污染、卫生厕所缺乏等各方面问题进行全面治理，还需关注环境的美化。

治理农村生态环境要求政府及相关机构对现行环境政策进行深入评估并确保其有效执行，这是保障可持续发展的关键举措。环境政策的评估不仅仅涵盖其设计的合理性及覆盖的广泛性，更聚焦于政策执行过程中的效率与成效。政策的落实应包含定期的监测与评估环节，以便适时调整并优化政策内容，确保政策目标能够顺应不断变化的环境与社会需求。具体而言，决策部门和研究人员应在制定初期就充分考虑农村地域特点，进而在政策实施过程中持续监测其实际效果；监管单位必须建立定期检查机制，对政策设计的合理性、覆盖面和匹配度进行测评，并在收集到足够的数据之后及时进行政策调整与优化；社会各方可以通过反馈渠道提出建议，从而帮助政府不断完善环境政策的内在结构、调整执法方向。地方政府若要在区域内实现生态与经济协同发展，需要通过科学研判与灵活执行并行的方式，让环保措施在动态变化的农村环境中保持现实可行性。政府只有保持对政策绩效的持续关注，才能在不断演进

---

① 张金俊.我国农村环境政策体系的演进与发展走向：基于农村环境治理体系现代化的视角[J].河南社会科学，2018，26（6）：97–101.

的社会与生态形势下快速做出调整，确保发展策略能与当地实际需求相契合。

对于农业面源污染的治理，各地政府需要深刻把握农村经济与生态特点，通过科学施策来减缓或消除农业生产过程中化学肥料与农药过度使用带来的土壤和水污染。要想从根本上减少面源污染，政府就需要鼓励农民采用更加环保的耕作方式与肥料替代方案，并通过财政补贴或宣传培训的形式帮助他们提升绿色生产技能。社会组织在介入生态保护时，可以通过专家技术指导和公众教育来提高农村居民对可持续生产模式的认知度，进而在日常经营和耕作行为中能够贯彻更加绿色的管理方法。只有当上下联动、协同推进的完整机制构建起来，农业面源污染的治理才能取得长期实效。

大气污染的防控亟须在农村能源使用上进行合理规划，相关政府部门和科研院所应积极推广太阳能、生物质能等更加清洁的能源，让农村地区逐步摆脱对高污染化石燃料的依赖。农村居民在炊事与取暖方面可以借助节能灶具与清洁炉具，减少烟尘等有害物质的排放。生态环境相关部门应该加大对农村空气质量的监测力度，一旦发现数据异常或重大污染事件，便要及时采取技术性和行政性的干预措施。地方政府还需与科研机构合作，利用数据建模与监测平台来评估与预测大气污染变化趋势，以便提前进行预防与应对。只有在能源替代与严格监管多措并举的前提下，农村地区的空气质量才会得到显著改善。

水体保护需要建立完备的管理体系和合理的利用机制。地方政府应当通过立法或制定行政规章，严格限制工业排放以及生活污水排放，鼓励和支持农村开展生态湿地或人工湿地建设，增强自然水体的自净能力。政府中的环保部门应指导农村居民正确使用化肥与农药，以减少对江河湖泊的污染，并且可以通过奖惩措施引导厂矿与小型企业规范排污。农村居民则应增强自身的节水意识，在家庭与农业灌溉中学会科学配置和循环利用水资源，从而在微观层面有效保障饮用水安全。若要全面推进水体的生态修复工作，专业技术人员就需要对河道和水库进行系统评估，同时结合当地水文条件因地制宜地开展河岸带植被恢复与拦截工程。政府和社会组织若能在经费、技术和教育培训方面给予足够支持，就能帮助农村地区逐步恢复水源清洁。

生活垃圾的处理及卫生厕所缺乏问题同样需要政策配套的支持与落实。对于生活垃圾，地方政府可依托垃圾分类与收运一体化的模式，建立完善的分拣、回收及集中处理体系，避免可回收物与不可降解废弃物被随意丢弃影响农村生态环境；环保机构可与社区自管组织合作，在村内设置分类收集点，引导农村居民根据垃圾特性进行分类投放。对于卫生厕所缺乏的问题，地方政府要完善污水处理设施，建设或改造符合卫生标准的公共厕所，以减少粪污对地下水源的污染；社会公益组织可发起宣传活动，帮助农村居民树立强烈的环保意识，让他们在日常生活中自觉践行垃圾减量和资源循环利用。

农村环境的美化、绿化与优化也是生态环境整治的重要内容。地方政府应带头开展对农村主要街道以及公共活动区域的景观改造，让整个农村风貌更加整洁有序；生态景观与绿色基础设施建设等项目在设计时要结合当地自然地形，选择适宜的植被进行种植与管护，为居民与游客创造舒适的公共空间；社会组织与农村居民可以共同开展绿化活动，通过义务植树或农业经济林改造等方式，为农村增加更多绿色屏障；路网以及公共设施的升级改造也能提升农村整体环境品质，通过对道路的硬化与照明系统的完善，为农村居民提供出行便利与安全保障；休闲娱乐空间的改善同样不可忽视，地方政府若能在生态景观、文化场所及社区服务设施方面投入适度资金，便能让农村居民享受到实实在在的生态红利。

## 第三节　多元共治的概念界定

多元共治是现代治理体系中的一个重要概念，它突破了以往单一的治理模式，倡导多个治理主体在相互依存和协作的基础上，共同参与社会治理过程。在 2014 年的政府工作报告中，我国政府首次明确提出："推进社会治理创新。注重运用法治方式，实行多元主体共同治理。"①这标志着多元共治已成为我国社会治理创新的重要趋势。本节将从理论演进、理论内涵和实践应用等方面，对多元共治进行全面而系统的阐述，旨在为学术界提供一个更为深入的理论参考和分析框架。

多元共治的理论根基可追溯到 20 世纪的协同理论与多中心治理理论。协同理论最初由物理学家哈肯提出，其核心观点在于，在外部条件的作用下，不同的系统元素能够经由自发的相互作用，形成有序的结构和模式。这一理论后被广泛引入社会科学领域，用以阐释在没有中心化控制的情况下，社会各个层面如何通过自组织实现高效的协同治理。哈肯的论断强调，即便在复杂多变的社会环境中，各异的行为主体也能通过相互了解和合作，实现系统的协同与优化。②

多中心治理理论则由政治经济学家奥斯特罗姆夫妇及其团队提出，该理论强调在公共治理领域，多个自治的行为体能够借助自我组织来管理共享资源，并有效规避"公地悲剧"等集体行动的困境。埃莉诺·奥斯特罗姆（Elinor Ostrom）的研究揭示，多中心治理不仅能提升资源的

---

① 李克强. 政府工作报告：2014 年 3 月 5 日在第十二届全国人民代表大会第二次会议上 [EB/OL]. （2014-03-05）[2025-01-23]. https://www.gov.cn/guowuyuan/2014-03/14/content_2638989.htm.

② 哈肯. 协同学：大自然构成的奥秘 [M]. 凌复华，译. 上海：上海译文出版社，2001：132.

利用效率，还能增强社会的适应性和韧性。这一理论为理解多主体共治提供了坚实的理论支撑，强调了在开放和复杂的系统中，各个行为体的自主性和协作性是确保长期共同利益的关键所在。①

多元共治的核心特质在于其开放性、复杂性和协作性的治理结构。多元共治不仅仅意味着政府职能的转变，更关键的是构建包括企业、社会组织与公民个体等在内的多主体治理网络。这一治理模式的本质在于通过对话、竞争、妥协与合作等机制，实现各方利益的平衡与整合，最终推动共同利益的达成。②

从操作层面来看，多元共治着重强调治理主体间的平等对话和合作，为各主体提供了一个平等的交流平台。与传统的自上而下的命令与控制模式不同，多元共治鼓励基层创新和自我管理，通过法治方式为各类治理行为提供规则保障，从而形成一个既有序又充满创新活力的治理体系。多元共治还高度重视公众参与和社会监督，认为广泛的公众参与是提升治理成效和公共政策透明度的核心要素。

在公共管理领域，多元共治模式彰显了独特的治理效能。该模式通过将政府、市场与社会等多个行为主体紧密联结在社会治理的各个环节之中，实现了深度的融合与互动。这种联结并非简单的堆砌，而是各主体在治理体系中主动融入与协同合作的体现。政府的权威性、市场的高效运作以及社会公民的广泛参与在多元共治模式下得到了充分发挥与整合，共同构筑了一个多元共治的主体架构。

此主体架构的形成大大提升了治理效果。在多元共治的框架下，治理主体不再局限于单一的政府，市场与社会力量亦得到了充分展现，从而显著提高了治理供给的质量与效率。相较于传统的单一主体治理模式，

---

① 奥斯特罗姆.公共事物的治理之道：集体行动制度的演进[M].余逊达，陈旭东，译.上海：上海三联书店，2000：63.
② 王名，蔡志鸿，王春婷.社会共治：多元主体共同治理的实践探索与制度创新[J].中国行政管理，2014（12）：16-19.

多元共治更能有效应对复杂多变的社会需求，其治理成效往往优于单一主体模式。

在我国，多元共治的实践尤为显著。政府工作报告中的相关内容反映了我国社会治理体系创新的迫切需求。实际上，从城市管理、环境保护到文化教育等多个领域，多元共治已成为推动社会管理创新和解决复杂社会问题的有力途径。在环境保护领域，政府、企业和公众的共同参与已在多地成功实现了环境治理成效的提升。

多元共治的实施也面临诸多挑战，包括如何确保治理主体间的有效沟通、如何平衡不同利益主体的需求、如何增强公众的参与意识和能力等。未来，进一步优化多元共治的结构与机制是我国社会治理创新的重要任务。

在当前研究中，一种基于法治原则的农村生态环境多元共治模式被提出。该模式通过明确理顺多元主体间的权责边界，清晰界定各主体的职能分工。在此框架下，政府、企业、社会组织及农村居民等不同行为主体各司其职，通过合作与协商，实现资源共享与多方联动。此模式的核心在于充分发挥每个主体在生态环境保护中的价值，以保障农村生态环境的健康发展。政府在此治理模式中扮演着至关重要的角色，摒弃了传统的单向治理策略，推动角色定位向开放、协同的方向转变。政府主要负责制定全面的生态环保政策，确保政策覆盖全面且有效实施。政府还需规划与执行属地监管机制，这强化了政府对农村生态环境的直接管理，提升了政策执行的地方适应性与灵活性。企业在该模式中应通过增强法治意识实现自我约束，并积极参与农村生态环境的治理。企业不仅是经济活动的主体，还是生态环境改善的重要力量。通过借助市场手段与发挥市场优势，企业能够在生态保护项目中投入资金与技术，推动农村生态环境的改善与可持续发展。社会组织与农村居民的参与是多元共治模式中不可或缺的一部分。社会组织通过提升农村居民的环保意识，引导农村居民向绿色低碳生活方式转变，这是农村生态环境治理的基础。

农村生态环境多元共治主体协同治理的实现机制

社会组织还拓宽了公众监督的渠道，使农村居民能够更有效地参与到生态环境的监管与保护中。

## 第四节　协同治理的概念界定

赫尔曼·哈肯的协同学理论为理解协同治理的概念提供了科学基础。他提出，从无序到有序的演变是多个因素共同作用的结果，这种自组织的过程本质上是一种协同。[①] 这种从无序到有序的转变需要通过建立有效的协同治理机制来实现，其中包括确立明确的目标、规则以及激励机制。每一个治理主体都根据这些共同的规则和目标来调整自己的行为，通过自发的协同合作达到治理的最优状态。

在公共治理的学术研究与实际运用领域，协同治理这一概念近年来越发活跃，其内涵与实践方式在涉及公共事务的文献中频繁呈现，凸显了广泛影响力与重要性。协同治理涵盖多个相关术语，如联合治理、合作治理、协作治理、协调治理、多中心治理、多方协作治理、协同网络治理及多中心协同治理等，这些术语的广泛运用展示了其理论与实践的丰富性和复杂性。尽管这些术语在学术界的具体阐释与区分难以统一，但从相关讨论中可提炼出一个共识：协同治理强调参与主体的多元性。

这种多元性主要体现在协同治理主体的多样性上。政府、企业与社会组织等多元主体均参与治理进程，此多样性还可进一步细化为公益主体与私益主体、强制主体与自愿主体、单一主体与共同主体以及主要主

---

① 哈肯.协同学：大自然构成的奥秘[M].凌复华,译.上海：上海译文出版社，2001：141.

体与次要主体等类别。①

至于协同治理的形式,研究普遍认为其区别于传统的管制型环境管理模式,不依赖于单一的权威指令,而是建立在协商与合作基础之上的治理形式。这种基于协商与合作的治理模式更为注重过程的民主性与包容性,使得各方能在更为平等的基础上交流意见,共同制定与实施治理策略。

本研究在探讨协同治理理念时,并未深入研究术语的分歧,而是聚焦于已形成的共识,使研究更为集中于协同治理的有效实施,而非纠结于概念的精确界定。这种方式能够更好地探讨协同治理在实际操作中的具体应用,如何在不同的公共管理问题中实现有效的多主体协作,以及如何通过这种协作应对复杂的社会问题。

在实际操作中,协同治理的基础与实践拓展表现在诸多方面。政府的角色转变为协调者与平台提供者,不再是唯一的决策者。通过搭建协调平台,政府可促进不同利益相关者间的对话与协商,确保各方在决策过程中具有足够的代表性与话语权。企业与社会组织则通过自我调整与创新,积极参与公共事务,利用自身的资源与专业优势服务于公共利益。

通过这种多元参与,协同治理能够有效应对现代社会面临的多样化和复杂化问题。无论是环境保护、城市规划还是社会福利等领域,协同治理均提供了一种更为灵活与有效的处理方式。此治理方式的成功实践需建立在坚实的法治基础之上,确保所有参与者在明确的法律框架内行动,保障治理过程的公正性与透明性。

---

① 闫亭豫.辽宁生态环境协同治理研究:以辽河流域协同治理为例[D].沈阳:东北大学,2016.

# 第四章 农村生态环境多元共治主体协同治理的理论基础

# 第一节 协同治理理论

## 一、协同治理理论概述

协同治理理论源于协同学的基本理念，其核心在于多种治理主体在社会管理中的共同作用与协调。在现代社会治理中，这种理论的实际应用强调了政府、企业、社会组织以及公众之间的合作与协同。这种合作基于平等的协商、有效的协作和互利的共享，目的是解决社会中的复杂问题，优化资源配置，实现更广泛的公共利益。多元主体协同治理要求参与各方在治理活动中保持平等，而且在公共精神的指导下，积极参与公共事务。

在协同治理模式中，政府、企业、社会组织和公民等不仅仅是参与者，更是决策者和执行者。他们在特定的治理规则下，通过对话、协商和合作，共同制定和执行治理方案。[①] 这种治理模式强调的是利益共享和责任共担，每个主体都在其中扮演着不可或缺的角色，共同推动治理活动的有效进行。协同治理可有效提升公共事务的管理效能。各治理主体的协同不仅仅是行动的统一，更是目标、资源及信息的共享。在这种模式下，各个主体之间的信息障碍被打破，资源配置更为合理，治理决策更加科学。协同治理还能增进公众的参与感和满意度，当公众直接参与决策和治理过程时，政策的透明度和公众对政策的信任感都会增强，从而进一步提升治理活动的公共性和有效性。

---

① 向俊杰.我国生态文明建设的协同治理体系研究[M].北京：中国社会科学出版社，2016：39.

在现代治理理念体系中，政府并非唯一的权威主体，这体现了对传统治理模式的根本性革新。传统治理模式下，企业、社会组织及公众往往处于较为被动的角色定位；协同治理模式下，这些主体被全面激活，并被赋予了更为广泛的参与权与决策权。尽管政府的权威性依旧存在，但协同治理模式已不再将其视为治理结构的唯一核心，政府由传统的"全能政府"逐渐转变为"有限政府"。这一转变不仅对政府权力进行了适度限制，同时也为其他治理主体提供了更为广阔的发展空间和参与机遇。在此模式下，微观主体的角色定位更加清晰且重要，包括企业、社会组织及公众在内的所有治理主体均被视为具备合法性的治理参与者，其意见与力量在治理进程中占据一定权威性，共同构筑了治理体系的多元化网络结构。

治理模式的这一转型还着重强调了各治理主体间的协同作用。与传统治理模式截然不同，协同治理打破了各主体间的界限壁垒，构建了一个资源共享、相互协调的治理新体系。在这一体系中，各主体不仅实现资源共享，还在治理进程中形成了显著的协同效应，达成了权力与责任的优化平衡。这种内部的动态平衡机制推动了整个治理体系向有序、高效的方向稳步迈进，显著提升了治理活动的整体效能。协同治理聚焦于当前的静态管理层面，注重治理的动态适应性。面对快速变迁的社会环境，传统治理模式往往显示出局限性；而协同治理凭借其灵活性与开放性，能够适时调整治理策略以适应社会发展的实际需求。在此治理模式下，系统内部的各个子系统维持着动态的平衡状态，其互动与调整过程具有连续性、自发性特征，旨在适应外部环境的变化。

协同治理的根本目的在于增进公共利益。其核心在于通过多元主体的广泛参与和平等协商机制，共同推动公共事务的管理进程，以实现公共利益最大化的目标。这一治理模式强调合作与共享原则，各参与者均遵循既定规则行动，共同应对公共问题，推动社会的和谐与进步。此举不仅能够提升政府政策的有效性，还能够显著增强民众的满意度及社会

第四章 农村生态环境多元共治主体协同治理的理论基础

的整体福祉。

农村生态环境的治理尤为需要这种多元主体的协同合作。在传统的治理模式中，政府往往是唯一的治理主体，这种模式在资源分配和决策效率上展现出明显的局限性。在农村生态环境治理中引入协同治理理论可以有效地引入更多的社会力量，包括企业、社会组织以及广大农村居民。

系统的协同效应是协同治理理论中的重要组成部分，在农村生态环境治理中，其重要性更是不言而喻。不同主体的共同努力可以整合更多资源，发挥集体智慧，形成解决问题的合力。政府可以制定政策和提供方向指导，企业可以制定战略规划和提供资金技术支持，社会组织可以发挥其灵活性和专业性在执行层面上进行创新，而农村居民能够直接参与具体的环保活动，如垃圾分类、水资源管理等。这种从政策到执行再到参与的多层次协同能够增强治理活动的效果，提升农村居民的环保意识和实际能力。

## 二、协同治理的特征

### （一）协同治理的层次性

协同治理在层次性维度上呈现出显著的纵向延伸特征，这一特征可从宏观、中观及微观三个层面进行深入剖析。

在宏观层面，协同治理体现为全球范围内的协作与管理机制。随着全球化的不断推进，环境保护、国际安全等社会问题已跨越国界，呈现出全球性的特征。在此背景下，有效的国际合作与全球协同行动成为解决此类问题的关键。气候变化问题的应对更需全球各国携手努力，通过召开国际会议与推动全球性政策的出台来共同应对。

中观层面的协同治理则聚焦于政府内部及跨区域政府间的协同合作。以我国公共事务治理为例，长三角地区的环境治理涉及多个省市的协同努力,需要地方政府间的紧密合作与资源整合,以实现区域整体环境质量的提升。

微观层面的协同治理则着眼于基层的具体实践,涵盖政府、企业、社会组织及公众等多方主体。在这一层面,治理活动更加注重公众的广泛参与和社会力量的有效动员,每个主体都能在治理进程中发挥重要作用,通过实际行动参与具体事务的管理。农村生态环境治理往往需要农村居民的直接参与,通过村民代表大会、村务听证会等渠道,农村居民能够直接影响决策过程,成为治理进程中的关键力量。

### (二)协同治理系统的开放性

协同治理系统的开放性强调了治理体系中多元主体的平等参与及合作。在协同治理框架下,政府、企业、社会组织及公民等治理主体均平等地参与其中,通过协商与合作共同解决公共事务问题。这种开放性的系统不仅增强了治理的适应性与灵活性,还促进了资源、信息及技术的自由流动,从而提升了治理的整体效率与效果。在农村生态环境治理过程中,开放的协同治理模式能够使政策制定更加贴近农村居民的实际需求,通过吸纳企业与社会组织的创新理念,提高农村生态环境治理的科学性与前瞻性。

### (三)协同治理边界的模糊性

协同治理边界的模糊性体现在治理结构中角色与职责的交叉与重叠上,使得各治理主体不再受限于固定的职能范围,而是能够根据实际情况与治理需求灵活调整自身的角色与职责,从而能够在更广泛的领域内发挥作用,打破了传统的条块分割,促进了资源的整合与优化配置。这种灵活性与开放性是现代治理所必需的,有助于构建一个更为高效且适应性强的治理体系,以更好地应对复杂多变的社会现实。

协同治理的上述特征共同构成了一个动态的、适应性强的治理模式,能够有效应对现代社会中日益复杂的公共事务。①这一治理模式可以充分发挥各主体的优势，优化资源配置，增进公共利益，最终实现社会的长期稳定与健康发展。

### 三、协同治理理论的功能价值

#### （一）促进政府优化供给公共物品与服务的职能

在现代社会治理的语境下，政府承担的公共产品与服务的供给职能经历了显著的转型。传统模式下，政府作为公共产品与服务的核心提供者，面临着单一供给体制所引发的多重挑战，如缺乏竞争机制、效率低下及服务品质不高等问题，在面对复杂且多变的社会需求时，显得尤为力不从心。在此背景下，协同治理作为一种新兴的治理模式，为优化政府的公共物品与服务供给职能提供了新的路径。

在协同治理模式下，政府的角色发生了显著变化，其不再是唯一的服务提供者，而是转变为协调者、监督者以及公共物品与服务的部分提供者。基于这一治理理念，政府能够与其他非政府主体，如企业、社会组织等，开展有效合作，共同参与公共物品与服务的供给。在教育、环境保护、社会福利等领域，政府可以依托企业的创新能力及社会组织的社会责任感，共同提供更加多样化且高质量的公共服务。

#### （二）弥补政府公共物品与服务供给的不足

协同治理模式中的政府与其他主体之间的合作是基于平等与互利的原则展开的。在这一过程中，各参与方均能够根据自身优势和专业能力，在相应领域发挥积极作用。政府可能在资源调配、政策制定等方面具有优势，企业可能在技术创新、运营管理等方面具备独到之处，社会组织

---

① 余亚梅，唐贤兴.协同治理视野下的政策能力：新概念和新框架 [J].南京社会科学，2020（9）：7-15.

则在社区动员、公众参与等方面更具优势。①

协同治理还强调治理活动的开放性和透明性。政府在协同过程中，需要保持与公众沟通渠道的畅通，确保治理活动的透明度及公众的广泛参与。这种开放的沟通有助于增强公众对政府行为的信任度，提高公众对政策的接受度及政策的执行效果；也使政府能够及时获取公众反馈，适时调整政策与策略，更加灵活地应对社会变迁。

### （三）优化政府的公共政策及其效能

对于现代政府而言，制定与执行公共政策已成其重要使命，旨在借助高效的公共服务与资源分配机制，应对社会问题并实现公共利益的最大化。②在复杂多变的现代社会背景下，政府面临着如何适应快速变化的社会需求的巨大挑战，这可能会导致公共政策的效力降低。此类失效现象通常归因于社会参与的广泛度不足及信息反馈机制的多方缺失，进而削弱了政策制定的适应性与灵活性。针对这一难题，协同治理模式提供了一种富有成效的解决方案：通过吸纳多元主体参与政策制定的全过程，强调在政策的各个阶段开展深入的社会协商与信息交流。

在协同治理框架下，政府的角色实现了从传统命令者与控制者向协调者与合作伙伴的转变。这一转变不仅缩减了政府的权力寻租空间，还显著增强了政策的透明度及公众的参与度。在制定公共政策时，政府需与企业、社会组织及公众等多方主体展开广泛而深入的协商。

协同治理模式下形成的公共政策通常能够充分代表公众的利益，并兼顾包括弱势群体在内的多方需求。此类政策因其坚实的社会基础与高度的公众接受度，往往展现出更高的执行效率与更佳的社会效果，进而有效提升了政策的社会响应度与公众满意度。

---

① 向俊杰.我国生态文明建设的协同治理体系研究[M].北京：中国社会科学出版社，2016：68.

② 廖娟.论公共政策与统计法的协调[J].理论界，2013（2）：117-119.

### （四）构建和谐有序的社会

协同治理能够促进和谐有序社会的构建。和谐有序的社会是现代政府追求的重要目标之一，这要求政府不仅提供基础的公共服务，还能够借助高效的社会治理机制来维护社会秩序并推动社会正义。服务型政府的理念强调以人民为中心的治理导向，这一理念与协同治理的核心精神高度一致。在服务型政府框架下，政府通过与公众的直接沟通与协商，不断调整和优化所提供的服务与政策，确保其能够切实满足公众的实际需求。①

服务型政府在协同治理结构中发挥其职能时，能够积极整合并调动各方资源，包括企业、社会组织及公众的力量，共同推动公共利益的实现。②这一模式不仅提高了政府服务的质量与效率，还通过多元主体的广泛参与，为政策赢得了广泛的支持并促进了社会的整体合作。

### 四、协同治理的基本要求

协同治理作为一种创新的治理范式，涉及的主体广泛且层次结构复杂。在其实际运作中，涵盖了政府、企业、社会组织及公众等多个关键参与者。公共事务的多样性要求与之匹配的治理模式，这界定了各参与主体的角色与功能，并深刻影响着治理的成效与路径抉择。随着社会环境的持续变迁与公共事务的日益多样化，协同治理的模式及其成效亦展现出丰富的多样性与层次性。在此背景下，协同治理的基本要求从主体、运作到行为选择层面，均显现出显著的层次性与多样性特征。

---

① 向俊杰.我国生态文明建设的协同治理体系研究 [M].北京：中国社会科学出版社，2016：42.

② 何颖.建设服务型政府的几点思考 [J].青海社会科学，2004（5）：8-13，73.

### (一)主体层面的多重协调关系

从主体构成层面审视,协同治理展现为多种形态,涉及不同主体间错综复杂的互动关系。这些主体囊括了各级政府、企业、社会组织及公众,其间的协作关系往往跨越多个维度。政府与政府、政府与企业及社会组织、政府与公众之间,乃至企业与社会组织、企业与公众之间的关联相互交织,构筑了多样化的协同治理格局。这些协同关系可细分为垂直型、平行型及混合型三种基本模式。

垂直型协同关系表明,各参与主体置身于一种层级化的组织架构中,政府通常占据主导地位,引领整个治理流程,而其他主体依据政府的要求或指令参与公共事务的处理。在此架构下,政府的主导作用尤为显著,其余参与主体更多扮演执行层面的角色。此模式适宜处理需集中决策与强力执行的事务,具备较强的指令性与约束力。

平行型协同关系则彰显了各参与主体的平等地位,政府、企业、社会组织及公众等各方在治理进程中无明确的层级划分,而是通过平等对话与协作共同达成目标。在此模式下,治理决策通常是多方协商的产物,各方均可提出见解与建议,进而形成广泛的共识。此模式适用于需广泛社会参与及意见整合的复杂事务。

混合型协同关系则融合了垂直型与平行型的特点,参与主体既存在层级差异,又享有平等协商的空间。此模式能够灵活应对不同情景下的公共事务,各主体的功能与地位需依据具体情况进行调整。① 在复杂多变的社会背景下,混合型协同关系的治理模式日益得到广泛应用,特别是在面对高度复杂、跨领域的公共事务时,这一模式能够彰显其独特优势。

---

① 张贤明,田玉麒.论协同治理的内涵、价值及发展趋向[J].湖北社会科学,2016(1):30-37.

## (二)运作层面的多重方式

从运作机制层面观察,协同治理的方式可大致划分为分散式与聚合式两种。

分散式协同治理的特征在于各参与主体相对独立,治理的协调性相对较弱。各主体依据自身职责与范围开展工作,彼此间保持一定的自主性,通过信息共享与资源交换实现协作。此协同治理方式适宜处理涉及广泛领域、需要多方力量共同解决的复杂事务,如环境治理、公共安全等跨领域事务。分散式协同治理的优势在于其灵活性与自主性,能够更有效地应对复杂多变的社会问题。

聚合式协同治理则更强调中心化的协调机制。在此模式中,尽管各参与主体在形式上均享有一定的独立性,但所有主体的活动均围绕一个核心展开,该核心通常为政府。[1] 政府作为核心,协调各参与主体的行动,确保各项任务的有序实施。在聚合式协同治理模式中,所有协同活动均需经过核心的审批或协调,形成高度集中的治理结构。此模式适宜处理结构较为简单、需求明确的公共事务,能够通过政府的统一指挥与调度,迅速有效地解决问题。聚合式治理的优势在于其高效性与集中决策的能力,但在面对复杂问题时,可能受限于其集中化结构,难以灵活应对突发与多变的情况。在实际操作中,分散式与聚合式协同治理往往并非孤立存在,需根据具体情况灵活选择。

## (三)行为选择层面的多重表达

从治理行为选择层面分析,协同治理的路径主要分为以组织为中心与以社会公众为中心两种。

以组织为中心的协同治理路径主要依赖组织的推动与主导,通常由政

---

[1] 司林波,聂晓云,孟卫东.跨域生态环境协同治理困境成因及路径选择[J].生态经济,2018,34(1):171-175.

府或其他组织引领,协调各参与主体共同推进治理事务。在此模式下,组织作为核心,决定治理的方向与流程,各参与主体依据组织的安排与要求开展工作。此路径适宜处理治理目标明确、任务较为单一的事务,能够通过强有力的组织领导迅速有效地达成治理目标。

以社会公众为中心的协同治理路径则更加注重公众的需求与参与。在此模式下,公众的需求成为治理的出发点与核心驱动力,与公众的广泛互动和协商能够确保政策与措施最大限度地满足公众的期望与利益。在此模式中,政府的角色更多为协调与支持,公众则是推动治理的主要力量。此路径适宜处理需广泛社会参与、调动公众积极性的事务,如社会保障、公共卫生等领域。在以公众为中心的治理路径下,最终的治理效果由公众的反馈和参与程度来验证,此路径更能增强公共事务的透明度与社会认可度。①

**五、农村生态环境的协同治理**

农村生态环境的协同治理亟须各参与主体的全面参与及深入协作,特别是政府、市场与社会组织间的无缝对接。此合作机制要求各参与主体摒弃过往的分割与孤立状态,基于平等协作的原则展开行动,此乃实现农村生态环境协同治理的基石。在此过程中,政府、企业、社会组织等主体各自扮演着不可或缺的角色,它们唯有通过协同努力,方能应对错综复杂的生态环境挑战,进而达成生态环境的可持续发展目标。

**(一)政府依法行政是农村生态环境协同治理的前提**

政府依法行政构成了农村生态环境协同治理的先决条件。在我国,政府作为农村生态环境治理的主导力量,其行为不仅直接关乎治理成效,

---

① 张贤明,田玉麒.论协同治理的内涵、价值及发展趋向[J].湖北社会科学,2016(1):30-37.

还深刻影响着企业等主体的行为模式。如果政府存在不作为或乱作为的问题，就会直接削弱政府与企业、社会组织间的协同效能，进而影响生态环境治理的整体成效。政府行为的可预期性至关重要，它要求政府必须依法行政，规范自身行为，以保障生态环境治理工作的顺利推进。

首先，政府依法行政的任务是明确其在农村生态环境治理中的职能与职责边界。这要求从横向与纵向两个维度对政府职能进行清晰划分。横向层面，政府需与企业及社会组织明确职责分工，尤其是在具体项目管理中，应鼓励企业参与，并通过法律与政策框架对市场进行监管与引导，而非直接干预市场运作。纵向层面，政府在不同层级间的职能划分亦需明确，包括地方政府与中央政府间的职能边界，以及各级政府与企业、社会组织、公众间的职能关系，均需依法界定。唯有如此，方能避免职能重叠或空白，促进政府、企业、社会组织、公众间的良性互动。

其次，政府依法行政强调程序上的规范化。在农村生态环境治理中，政府必须严格遵循法定程序，确保决策与措施的合法性、公正性及透明度。现代社会对治理过程中的文明执法提出了更高要求，这要求执法人员严格遵守法律，在执法过程中尊重人权，妥善处理各方利益冲突。政府应加强对法律程序的宣传与解释，提升公众的理解与支持，增强其参与感与认同感。政府决策程序亦应充分公开，特别是进行涉及农村生态环境的重大决策时，政府必须依法履行公众参与、专家论证、风险评估及合法性审查等程序，确保决策的科学性与合理性。

最后，加大信息公开力度也是政府依法行政的重要方面。在农村生态环境治理中，信息公开至关重要，政府必须全面公开生态环境相关信息，包括生态环境状况、治理项目进展、政策措施等，以保障公众的知情权和监督权。政府应通过多渠道宣传生态环境治理政策，提升公众的环保意识，引导社会各界共同参与生态环境治理。

## (二)企业履行环境责任是农村生态环境协同治理的根本

企业在农村生态环境治理中的作用同样不容忽视。企业既是农村生态环境问题的制造者,又是解决这些问题的关键力量。企业通过生产活动消耗大量自然资源并产生污染物,对生态环境造成破坏,因此在生态环境治理中不仅仅需履行治理义务,更需作为污染源头,承担不可推卸的责任。政府应通过政策与法律手段强化企业的环境责任,促使企业自觉履行生态环境保护的社会义务,从根本上改善农村生态环境。

首先,强化企业环境责任意识可以从鼓励企业采用绿色技术入手。绿色技术的核心在于通过科技创新降低生产过程对环境的负面影响。企业应采用更环保的生产工艺,减少污染物排放,并降低对自然资源的消耗。政府应通过财政补贴、税收优惠等政策手段,激励企业在生产过程中采用环保技术和设备,推动绿色生产模式的普及。政府还应加强对企业的监督与管理,确保企业落实环保责任,推动产业绿色转型。

其次,企业在农村生态环境治理中的作用不限于减少污染和资源消耗,还可通过提供优质的环保产品来促进环境问题的解决。绿色农产品、有机农产品等不仅能改善农村生态环境,还能提高农村居民收入,推动农村经济发展。企业的社会责任不仅在于通过生产活动减少污染,还在于通过创新和产品升级,推动农村生态环境的全面改善。企业积极履行社会责任,尤其是在农村生态环境保护方面,是企业与社会实现协同合作的基础,能够为政府与社会的协同提供有力支撑。

在农村生态环境治理中,企业与政府、社会的协作至关重要。政府的政策引导与监管、企业的责任履行与技术创新、社会的广泛参与与监督有机结合有助于实现真正意义上的协同治理。政府应加强与企业的沟通与合作,鼓励企业采取积极的环保措施,并通过政策和法律手段促使企业承担更多社会责任。而社会组织与公众应加强对企业环保行为的监督,促使企业更加重视生态环境问题。在这种协同治理模式下,政府、市场与社会的紧密合作将有力推动农村生态环境的改善,最终实现可持续的生态环境目标。

### (三)兼顾各主体利益是农村生态环境协同治理的核心

关于利益这一概念,观点较多。利益与人的自身需求密切关联,"通俗地讲,利益就是好处,或者说就是某种需要或愿望的满足"①。霍尔巴赫指出:"人们所谓的利益,就是每个人按照他的气质和特有的观念把自己的安乐寄托在那上面的那个对象;由此可见,利益就只是我们每个人看作是对自己的幸福所不可少的东西。"②综上,利益就是能够使社会主体的需要获得某种满足的生活资源,而这种资源满足的程度是以客观规律、社会环境和社会制度所认可的范围为限度的。马克思指出:"人们奋斗所争取的一切,都同他们的利益有关。"③农村生态环境治理是一个涉及多利益主体且错综复杂的过程,不可避免地需要平衡各方利益以化解冲突。政府、市场、社会及农村居民等在此过程中均有其独特的利益诉求。在此情景下,协同治理的首要前提是妥善处理各主体间的利益关系,确保所有参与主体能在平等且开放的环境中进行有效的沟通与协作。这种多方协同的治理模式能够充分调动各方的积极性,共同致力于农村生态环境的优化。

政府作为治理的关键主体,在协同治理中发挥着举足轻重的作用。政府的行为和政策导向不仅直接影响治理成效,还间接影响市场和社会的行为模式。政府需在协同治理中扮演领导角色,通过制定法规、引导政策及提供公共服务,来平衡不同主体间的利益纠葛。政府在确立行政

---

① 沈宗灵.法理学[M].北京:高等教育出版社,1994:56.
② 霍尔巴赫.自然的体系:上卷[M].管士滨,译.北京:商务印书馆,2009:260-261.
③ 马克思,恩格斯.马克思恩格斯全集:第一卷[M].中共中央马克思恩格斯列宁斯大林著作编译局,编译.北京:人民出版社,1956:82.

职能时，需平衡市场调节与政府监管的关系，既要避免过度干预市场，又要防止市场放任自流，而应通过法律和政策手段规范市场行为，确保市场在资源配置中的有效性和公平性。

市场作为资源配置的重要机制，在农村生态环境治理中同样具有不可或缺的作用。市场能够通过竞争机制提升资源配置效率，推动技术创新和服务优化。市场机制在处理公共物品供给和生态环境保护方面存在固有局限，这就要求政府进行适当的监管和引导，以防止市场失灵。政府可利用政策工具，如税收优惠、财政补贴等，激励市场中的企业采取环保措施，促使企业在追求经济效益的同时履行环境保护的社会责任。

社会组织和农村居民在农村生态环境治理中的作用日益凸显。社会组织为农村居民提供了更多参与治理的途径，激发了农村居民的参与热情，增强了治理的透明度和公众的满意度。农村居民作为农村生态环境的直接受益者，其环保意识和行为选择对环境改善具有直接影响。提升农村居民的环保意识，引导其在日常生活中采取环保行为，是实现环境治理目标的基础。

为实现有效的协同治理，包容开放、透明高效的治理平台的构建是有必要的。该平台应能汇聚政府、市场、社会组织和农村居民的力量，通过制度设计确保信息的充分流通和利益的合理分配。多层次的对话和协商机制的建立也不容忽视，其能够解决治理过程中可能出现的利益冲突，增强各方的信任和合作意愿。

党和政府对协同治理的重视在一系列政策和会议精神中得到了体现，我国正积极构建一个更加开放和包容的治理体系，强调市场在资源配置中的决定性作用，同时不断完善党委领导、政府负责、民主协商、社会协同、公众参与、法治保障、科技支撑的社会治理体系。

要实现农村生态环境的有效协同治理，政府、市场、社会以及农村居民等多方主体需要在共同的治理框架下各司其职、协同合作。这种治理模式有助于发挥各方面的优势，集中力量解决农村生态环境面临的问题，从而推动我国农村生态环境的持续健康发展，实现乡村振兴战略目标。

### （四）法治社会是农村生态环境协同治理的保障

德沃金强调，法律并非统治者对弱势群体的强制手段，而是维护社会正常运行和公平正义的基石。①在当前中国法治社会建设的进程中，习近平法治思想为我国提供了重要的理论指引，深刻揭示了全面依法治国的必要性和具体实践路径，国际国内环境越是复杂，改革开放和社会主义现代化建设任务越是繁重，越要运用法治思维和法治手段巩固执政地位、改善执政方式、提高执政能力，保证党和国家长治久安。②在习近平法治思想的引领下，我国法治建设取得了显著成就，特别是在农村生态环境治理领域，法治的作用日益凸显。法律信仰是实现真正法治社会的精神条件，是现代法律有效运行的心理基础。③法治是解决社会矛盾、促进社会团结的重要手段，在我国农村生态环境治理面临多重挑战的背景下，依法治国成为推动农村生态环境持续改善的核心动力。

法律信仰的根基在于全民的法律意识和素养，特别是在农村生态环境治理中，遵法学法、守法用法已成为基本准则。政府机关及行政人员应率先垂范，通过法律教育和宣传，提升农村居民的法律意识，增强他们的法律素养，使法律成为农村生态环境治理的共识和支撑。政府在执行环境法规时，必须严格遵循法律规定，以维护法律的权威性和有效性。政府通过提升信息公开度和透明度，能够增强农村居民对农村生态环境政策的认知和支持。信息的公开使得政府决策过程更加透明，农村居民

---

① 德沃金. 至上的美德：平等的理论与实践 [M]. 冯克利，译. 北京：中国人民大学出版社，2022：59.

② 新华网. 习近平在中央全面依法治国工作会议上强调 坚定不移走中国特色社会主义法治道路 为全面建设社会主义现代化国家提供有力法治保障 [EB/OL].（2020-11-17）[2025-04-25]. https://www.moj.gov.cn/pub/sfbgw/qmyfzg/202011/t20201118_150445.html.

③ 常桂祥. 法律信仰：法治国家之灵魂 [J]. 齐鲁学刊，2005（2）：140-144.

可通过合法途径参与环境治理，形成政府引导、公众参与的良性治理格局。在农村生态环境治理过程中，政府需充分利用法治手段，制定科学合理的环境保护政策，通过法律的约束和激励，引导企业和农村居民共同遵守环保法规，积极参与环境保护实践。

法治的推进还需企业的积极响应与参与。作为环境问题的重要利益相关者，企业在环境保护中的作用至关重要。政府应鼓励企业采用绿色技术、改进生产工艺，以减少环境污染、提高资源利用效率。企业应主动承担社会责任，不仅在遵守环境法规方面做出表率，还应积极参与农村生态环境的改善与维护工作。

协同治理的实现需将理论指导与实践操作紧密结合。以习近平法治思想为指引，通过法律的引导与规范，我国农村生态环境治理能在全面依法治国的大背景下，实现政府、企业及农村居民等多方主体的有效协同。①

## 第二节　整体性治理理论

### 一、整体性治理理论概述

整体性治理理论由 Perri Six 在其专著 *Holistic Government* 中首次系统阐述，该理论对传统科层制官僚体制存在的问题进行了深刻的剖析与批判。Six 指出，科层制官僚体制在现代政府治理实践中显得过于僵化且分割，难以有效应对跨领域、多维度的复杂社会问题。他主张，整体性治理应立足于跨部门协作的整体主义视角，通过整合各政府部门及机构

---

① 张文显.习近平法治思想研究：下：习近平全面依法治国的核心观点[J].法制与社会发展，2016，22（4）：5-47.

第四章 农村生态环境多元共治主体协同治理的理论基础

的功能与资源，实现政策的协同一致与高效执行。[①]

Six 与其他学者在合著的 *Managing Networks of Twenty-First Century Organisations* 中进一步发展了整体性治理理论，并提出了具体实施策略。他们强调，解决政府运作中的碎片化问题，需通过三个阶段的协调与整合行动加以推进：第一阶段为政府组织间政策目标与手段相互协调的形成阶段，其核心在于确保所有政府行动均朝向共同目标迈进，并采用协调一致的手段；第二阶段为信息流通与认知差异消除的协调阶段，此阶段着重通过有效的信息交流机制，确保所有参与方在相同认知层面进行决策与行动；第三阶段为执行与程序设计的整合阶段，其关键在于将各部门及机构的具体行动整合为连贯的执行过程。[②]

在整体性治理实践中，协调与整合、构建互信关系、运用信息技术以及建立整体性预算体系等策略，对于克服碎片化问题具有重要意义。特别是在公共服务领域，这些策略能够促进不同政府部门间的有效协作，提升公共资源利用效率及政策实施效果。[③] 本节重点介绍协调与整合策略。

## 二、整体性治理的核心基础——协调与整合

协调是整体性治理实施的先决条件，旨在消除政府内部不同部门间的目标冲突与资源重复，通过建立有效的沟通与协调机制，促使各部门在认知与目标上达成一致。这种内部一致性是政策与行动成功整合的前提。整合则聚焦于政策与行动的一致执行，要求各参与者在明确共同政

---

① SIX P. Holistic government [M]. London: Domes, 1997: 67-68.
② SIX P, GOODWIN N, PECK E, et al. Managing networks of twenty-first century organisations[M]. London: Palgrave Macmillan, 2006: 128.
③ 彭华民等. 西方社会福利理论前沿：论国家、社会、体制与政策 [M]. 北京：中国社会出版社，2009：289-290.

策目标后，在策略选择与行动实施上进行有效协同。①

协调与整合的实施可采取多种方式，如跨部门工作小组、联合行动计划、共享信息系统等。这些方式既可临时设立，又可长期存在，均旨在减少信息与政策的孤岛现象，提升政府决策与行动的协同性。通过这些具体实施策略，整体性治理理论不仅为现代政府提供了一种理论框架，还为应对复杂多变的社会问题提供了实践路径。

整体性治理理论通过从政府部门间的协调入手，加强信息流通，最终实现政策执行的整合，为现代政府提供了一种全新的治理范式。这种治理模式强调了政府各部门间以及政府与其他社会主体间的协调与整合，是应对现代社会复杂问题的有效手段。协调与整合主要可以从以下几个层面展开。

### （一）层级上的协调与整合

在探讨整体性治理理论的过程中，层级上的协调与整合占据着举足轻重的地位。这一层面的协调与整合主要关注不同层级组织间的合作，涵盖全球性组织与国家间、各国政府间以及国家内部各级政府间的合作。层级性整合的关键价值在于其能够应对跨区域、跨国界的复杂公共事务，如全球气候变化、环境保护及国际卫生事务等。农村生态环境的治理同样需要这种跨层级的协调与整合来推动。从中央至地方的各级政府需形成联动机制，共同推进并实施生态保护政策。中央政府负责制定总体战略与政策框架，而地方政府负责具体执行并根据地方实际进行适当调整。

### （二）功能上的协调与整合

功能上的协调与整合聚焦于解决部门间功能重叠或冗余的问题。由

---

① 竺乾威.从新公共管理到整体性治理[J].中国行政管理，2008（10）：52-58.

于历史因素或政策调整，不同政府部门间可能存在相似或重叠的职能，这就需要通过功能上的协调与整合来提升治理效率。功能上的协调与整合通常涉及组织结构的重新设计、相似部门的合并、职能范围的调整，以确保每个组织单位都能够专注于其核心任务，减少资源浪费，并增强政府响应社会需求的能力。在农村生态环境治理领域，功能上的协调与整合能够使资源保护、污染防治及生态恢复等活动更加协调一致，避免多头管理与政策执行不一致的问题。

### （三）组织间的协调与整合

组织间的协调与整合是确保不同组织在追求共同目标时实现高效合作的关键所在。这种协调与整合不局限于政府各部门之间，还包括政府与企业、社会组织间的协作。通过构建多样化的协作平台，如跨部门工作小组、公私合作伙伴关系及多方利益相关者会议等，各组织可以在这些平台上交流信息、共享资源并协调行动。特别是在开展如农村生态环境恢复这类需要多方参与和资源投入的大型工程时，组织间的紧密合作显得尤为重要。例如，政府拥有政策制定和法律执行的权力，企业能提供必要的资金支持和技术创新，社会组织可能在野生动物保护和自然资源管理方面具备专业知识和技能。

## 三、整体性治理的三重维度

针对整体性治理的理解，可以从宏观、中观和微观等维度进行。

### （一）宏观维度的整体性治理

在讨论宏观维度的整体性治理议题时，需要关注的是国家间的协调与整合问题，特别是在全球化趋势愈发显著的背景下，跨国界问题已成为常态。Six 的研究揭示，尽管体制间存在差异，但这些差异并非不可逾越的鸿沟。通过恰当的协调与整合策略，可以有效地弥合这些差异，进而达成整体治理的目标。①Six 认为，不同国家间的主要差异更多地源于政治、体制和文化等因素，这些因素导致了协调与整合难度的不同。通过深入理解并适应这些因素，我们可以开发出更为高效的协调与整合策略。②

政治因素在国家间的协调与整合中发挥着决定性作用。在政府层面，上级政府对下级政府的约束力越强，整合的成功率往往越高。这种约束力可通过法律、政策或直接的行政指令来实现。在国际层面，国际组织或大国的政策导向和决断能够对其他国家产生显著影响，从而推动国际上的政策协调与整合。在体制层面，单一制国家因政府层级较少、中央集权较强，协调与整合相对较为容易；相比之下，联邦制国家因权力下放，各州或地区拥有更大的自治权，因此协调与整合的过程可能更为复杂。在政治文化层面，在注重协商和共识的文化环境中，协调与整合的过程更为顺畅，参与者更倾向于通过对话和协商来化解冲突，寻求共同的解决方案。

### （二）中观维度的整体性治理

进入中观维度的整体性治理应致力构建超越体制界限的协调与整合机制。这包括构建完善的协调机制，如联合性协调和整体性协调，以及采用提升整合力度的有效方法。联合性协调侧重于不同部门间的合作，旨在实现共同的治理目标；而整体性协调更注重从宏观层面统筹各方利益，形成统一的政策方向和行动策略。这两种协调方式可以克服单一部门视角的局限性，实现更广泛的社会利益。在具体实施层面，通过圆桌会议等形式可以明确共同的议题、政策目标及执行策略，这有助于明确

---

① SIX P. Joined-up government in the western world in comparative perspective: a preliminary literature review and exploration[J].Journal of public administration research and theory, 2004, 14(1): 103-138.

② SIX P. Joined-up government in the western world in comparative perspective：a preliminary literature review and exploration[J].Journal of public administration research and theory, 2004, 14(1): 103-138.

各方的责任与权利,而且共识的形成过程能够增强政策的透明度和公众的参与度。① 许多国家几乎在同一时期都在强调协调和整合的重要性,在协调和整合的风格上也有明显的趋同趋势,原因是协调和整合方法在不同的环境中也有着相同的意义。②

(三)微观维度的整体性治理

微观维度的整体性治理聚焦于具体问题的解决,意指涉及问题解决层面的不同部门或者组织之间在政策目标、行动策略等方面进行意思表达并寻求共同目标的过程。③ 从协调角度看,优化共同的组织机构,改善组织内外部机构的结构,有助于达成共识,提升凝聚力;从整合角度看,为了实现预期目标,可以通过整合相关机构、专业、人员等资源,在形成合力的基础上解决问题。

## 四、整体性治理的基本特征

(一)治理方式的多元化

Six 提出了四种核心的协调与整合途径,这些途径适用于体制内部的差异处理,也适用于跨体制的治理情景。④

一是求同去异。求同去异途径强调在充分协商的基础上,形成各方

---

① 刘孝阳. 从碎片化到整体性:农村环境治理现代化进路 [J]. 山西高等学校社会科学学报,2020,32(12):18-25.

② SIX P. Joined-up government in the western world in comparative perspective: a preliminary literature review and exploration[J].Journal of public administration research and theory, 2004, 14(1): 103-138.

③ 王立军,夏志强. 效率与效果:从专业化到整体性治理:兼论整体性治理理论在中国语境中的适应性 [J]. 云南行政学院学报,2020,22(6):145-153.

④ SIX P. E-governance: styles of political judgment in the information age polity[M]. Basingstoke: Palgrave Macmillan, 2004: 112.

均可接受的共识。在此过程中，政府扮演着关键的协调角色，通过平衡各方利益来推动共识的达成。这一途径在处理具有广泛共同利益但在某些具体问题上存在分歧的情景时尤为奏效。构建特定的协调机制及实施否决权机制可以有效地解决分歧，实现整体上的协调一致。

二是求同存异。求同存异途径承认并尊重各方在某些核心问题上的利益和立场可能无法完全一致，允许在保持各自核心利益的可协调的范围内寻求合作。此途径着重于利用组织资源，促进共同利益的实现，同时为未能完全达成共识的行动者提供必要的操作空间与自主性，确保他们在整体行动框架内能够自主行动，而非被迫接受统一决策。

三是去异不求同。去异不求同途径适用于分歧显著、难以通过常规协商达成共识的情景。在此情景下，各方可通过最小化不一致来减少冲突，而非强制寻求一致意见。该途径通常涉及缓和冲突的策略，如通过对话及敦促各方做出一定让步来缓解紧张关系，但不强求达成完全一致。

四是不求同不去异。不求同不去异途径适用于差异巨大、几乎不可能达成任何形式共识的情景。在此情景下，各方保持完全的独立性与自主性，进行互利的合作，但不试图改变彼此的根本立场。此途径允许各方在各自可接受的范围内开展合作，同时避免触及可能引发严重分歧的核心议题。

这四种途径也可根据不同的情景进行灵活的组合，形成更多元化的协调与整合的手段。垂直维度和水平维度的所有行动者之间的行为具备了集体行动的可能性，建立在这些行为基础上的整体性治理就具备了制度化的必然性。

### (二) 目标与手段的一致性

在公共行政领域内，整体性治理旨在通过共识的达成、分歧的消解，以及对效率、经济性、效能、结果、责任和民主等价值的坚守，实现问题的全面解决。在解决问题的过程中，手段必须紧密服务于整体性治理

第四章　农村生态环境多元共治主体协同治理的理论基础

的目标，且需展现出灵活多样的特性。目的与手段的高度一致不但能够推动目标的顺利实现，而且在目标达成后，面对新的目标时，也能够促使参与者不断探索与创新。在整体性治理的进程中，无论是协调还是整合，都应积极探寻能够有效达成目标的手段。这些手段不仅要助力目标的达成，还需考虑与已有手段的协调，以防止矛盾的产生。手段的运用并非孤立，往往是多种手段的综合运用推动阶段性目标的实现，因此需要思考如何优化手段的组合，这种组合能够确保手段与目标之间的动态一致。

Six 提出了三种促进目标实现的手段。首先是确立战略联盟，这要求至少有一个参与者承担起与合作伙伴进行长期项目规划及工作的核心职责。这种战略联盟的核心在于，参与者必须能够针对重大项目的核心任务开展长期的联合规划与工作。其次是构建稳固的联盟，这种联盟以共同的目标为基础，针对共同目标开展跨联盟的学习与集体行动。在此过程中，保持清晰的目标至关重要，以确保目标与行动的高度一致。最后是进行组织的合并，这通常被视为实现目标与手段的一致性的最优路径。通过合并相关联的组织，可以更容易地采取有力的手段，从而以最小的成本解决问题。[①]

在我国生态环境治理的实践中，通过合并不同组织来实现统一治理的案例较为常见。为了应对环境污染，国家发展和改革委员会应对气候变化和促进节能减排的职责、自然资源部防治地下水污染并进行监督的职责、水利部实施水功能区划和设置并管理排污口的职责、农业农村部监督指导农业面源污染治理的职责、国家海洋局保护海洋环境的职责均被整合到新成立的生态环境部。这种组织的合并大大提升了我国环境污染防治的效率，确保了目标与手段的一致性，有助于避免资源的内部消

---

① SIX P. E-governance: styles of political judgment in the information age polity[M]. Basingstoke: Palgrave Macmillan, 2004: 115.

耗，使手段紧密围绕目标运作，从而全面展现了整体性治理的要求。①

### （三）预防优先于治疗

预防是整体性治理所追求的核心目标之一，也是其实施的重要手段。在整体性治理的架构下，预防不仅能够显著提升政府的行政效能，还能有效降低政府的财政支出。从整体性治理的视角出发，预防被划分为前端预防、中端预防以及末端预防三个主要阶段，每个阶段均针对特定的事务，以确保问题的全面掌控与解决。

前端预防作为预防措施的首要环节，在现代公共事务管理中的重要性日益凸显。此阶段的预防特别聚焦于交叉性和复杂性的公共问题。

中端预防则关注问题发生后的中期阶段，其目标在于将问题控制在可管理的范围内。中端预防要求快速动员并整合各类资源和要素，以确保在时间和空间上将问题的影响降至最低。在此过程中，整体性治理框架强调内部和外部组织之间的有效协调，以迅速配置资源和要素，实现对问题的合理控制，确保问题得到解决。

末端预防则专注于事件的直接后果与长期影响。此阶段的预防工作主要针对事件的后续效应，努力解决由此引发的连锁反应和扩散影响。末端预防需要多部门的协同合作，尤其依赖专业部门的判断及信息技术的支持。整体性治理在这一阶段充分发挥专业性和信息化的作用，通过各部门之间的紧密协作和信息共享，防止问题进一步恶化，同时借助有效的协调与整合，尽可能地将损失降到最低。

---

① 姜懿翀.国家机构改革启幕[J].中国民商，2018（4）：18-25.

## 五、整体性治理的基本要求

### （一）明确需要解决的问题

鉴于公共事务的交叉性、多元性、复杂性及不确定性，问题的识别与界定显得尤为重要。整体性治理以问题为导向，力求通过精确界定具体问题来达成有效治理。公共事务的复杂性往往使得对解决方案的探索变得棘手，而明确问题本身是寻求解决方案的首要步骤。

Six 认为，整体性治理应紧密关联公众利益，通过明确生活中的具体问题来彰显政府以人为本的治理理念。[①]人的一生涉及工作、经济、住房、健康和安全等多种需求，这些需求的满足直接关乎个人与社会的福祉。政府的职责在于构建相应机制以满足这些需求，如创造就业机会、推动经济发展、提供医疗资源及保障社会安全。这些措施不仅能够解决公众的问题，还构成了政府治理的核心内容。

为了有效满足公众的需求，政府各部门需协同合作。这要求政府不仅有所行动，还能够协调其他部门的利益与资源。有效的协调能够确保各方利益的平衡，从而提升治理的整体效能。在整体性治理中，政府并非唯一的行动主体，而是在由多个行动主体构成的网络中发挥作用。这些行动主体包括各类政府部门与非政府组织，他们在没有绝对权威的情况下共同参与治理过程。在整体性治理的实施过程中，全面的资源整合有助于政府更有效地应对复杂多变的问题。这种整合不仅涵盖物质资源，还包括信息资源和决策智慧。政府可利用现代信息技术收集和分析数据，从而更精确地识别问题和制定策略。各组织和群体的参与为政府提供了多样化的信息来源和丰富的经验，这对于探寻效益最大化的治理方法至关重要。

---

① SIX P. E-governance: styles of political judgment in the information age polity[M]. Basingstoke: Palgrave Macmillan, 2004: 69.

### (二) 整合相关的功能

为避免各部门间的治理碎片化，政府需要对相关功能进行有效整合。功能的整合关乎治理的效率和效果，能够确保政府在应对各类问题时行动一致。整合可从纵向和横向两个维度展开。

纵向整合主要聚焦于提升政府内部的效率和权威。我国在生态环境治理方面通过缩减执法层级和中间环节进行整合尝试，有效提升了政策执行的直接性并减少了执行过程中的冲突。中央政府在这一过程中扮演了关键角色，需对公共服务的供应主体进行监督，还需从宏观层面把握治理的全过程。通过扩大授权，中央政府将更多职责下放给地方政府，使得地方政府能够根据实际情况调整治理策略，充分利用基层人员的治理能力和经验。这种授权策略有效地将问题的解决权力下放至最接近问题的行动者手中，从而使问题能够在最初级别得到有效解决，同时保持上级机关对任务分配和绩效考核的控制。

横向整合则着重于跨部门或跨组织的协调与合作。在这一维度中，关键是打破原有的组织壁垒，实现信息、人力资源和预算的共享。这种整合不仅能够促进信息的流动和资源的优化配置，还能够帮助各部门突破传统的职能界限，共同应对问题。例如，在公共卫生应急管理中，需要生态环境部门、卫生部门和地方政府等多方面的通力合作，共享信息和资源，以迅速有效地应对突发公共卫生事件。

在功能整合的过程中，可能会产生新的组织结构，就需要对其价值和责任进行界定。新的组织结构应具备多元性和包容性，强调尊重、公开、沟通和信任等现代治理的核心价值。这样的价值有助于在全社会形成一种共享的价值观念，这种价值观念将与整体性治理的方法相互作用，推动参与主体在认知、行为和文化方面的变革。这些变革有助于实现功能的横向整合，最终使得整体性治理得以实施，有效应对复杂多变的公共事务问题。

## 六、农村生态环境的整体性治理

随着全球化的不断深入,世界各国日益展现出相互依存的特点。在全球范围内的各个领域,无论是经济、安全还是环境,均需国家间的共同参与和协作。特别是在生态环境领域,生态安全已成为全球性的重大议题。在此背景下,如何有效解决农村生态环境的治理问题显得尤为紧迫。现代治理面临的一个共同难题是碎片化,这不仅涉及地方保护主义和部门间的壁垒,还包括孤立现象、搭便车行为等。要克服这些难题,必须采用整体性治理方式,通过协商合作和整体推进实现有效管理。治理农村生态环境需通过整体性治理方法整合各方力量,以解决当前的治理难题。①

### (一)我国农村生态环境需要整体性治理

"三农"问题始终是党和国家工作的重心。农村生态环境直接关系到农民的生存与发展,是农村社会稳定的基础。农村生态环境的治理仍面临诸多挑战,需要新策略,即在保持现有部门边界的基础上,通过跨部门合作实现政策目标。这种合作是全面的,不仅涵盖公私部门间的合作,还包括政府与非政府组织之间、各政府部门之间以及中央与地方之间的合作。②

### (二)整体性治理理论与农村生态环境治理相契合

整体性治理理论强调政府在政策制定、管制执行、服务提供及监督过程中对所有相关组织的整合。在农村生态环境的治理中,该理论提供

---

① 曾凡军. 政府组织功能碎片化与整体性治理 [J]. 武汉理工大学学报(社会科学版), 2013, 26(2):235-240.
② 解亚红. "协同政府":新公共管理改革的新阶段 [J]. 中国行政管理, 2004(5):58-61.

了一个重要框架，政府不仅要发挥引导作用，还需通过凝聚问题共识、制定联合政策、监督政策执行、及时纠正偏离政策方向的行为、评估政策执行效果等多种途径进行治理。在农村生态环境治理的实际操作中，政府、市场和社会共同构成治理主体，这三者的合作是实现治理目标的关键。在我国，政府主导的治理模式已初步形成，市场和社会的参与也在逐步加强。这种治理模式的形成是多次政策讨论和文件下发的结果，反映了一个逐渐成熟的整体性治理共识：政府主导，市场和社会协同配合。在具体的治理操作中，政府需通过政策制定、管制执行、服务提供及监督等环节整合参与各方的力量，形成一致的农村生态环境整体治理政策，通过执行各项治理措施确保政策落实。政府在这一过程中扮演关键角色，其责任不仅包括满足公众需求，还包括确保治理措施的有效实施，需通过对农村生态环境治理成果的科学评估来监督整个治理过程，确保治理措施得到有效实施和持续改进。①

## 第三节　多中心治理理论

### 一、多中心治理理论概述

英国学者迈克尔·博兰尼在其《自由的逻辑》中首先引入"多中心"这一概念，他强调这是一种能够维系社会稳定的秩序结构，要求每个独立行为者在共同生活中既能寻求自身利益，也需要遵循一定规则，从而

---

① 袁坤.整体性治理视角下西部农村地区协同扶贫机制研究：以 L 镇综合扶贫改革试点为研究对象 [D]. 武汉：华中师范大学，2016.

让分散的个体在更大系统中实现有序对接。[①]博兰尼将"多中心"视为社会运作的重要方式,核心在于众多单元各自具有充分的自主空间,又通过彼此约束达成整体上的整合。奥斯特罗姆汲取了博兰尼的观点,对"多中心"进行了进一步阐发,最终在公共事务的治理领域提出了具有创造性的理论框架,为人们提供了解决各类公共问题的新路径。奥斯特罗姆认为社会中不同主体的多样性可通过恰当制度安排来协调,使每个群体都有机会就共同目标展开合作,同时保留各自的功能定位。[②]

亚里士多德在两千多年前就已对于公共事务提出警示,他提出那些多数人拥有的事情往往很少得到关注,根本原因在于每个人往往更在意私人的拥有,而公共领域虽与个人关联却常被置于次要位置。[③]这样一种朴素而深刻的洞见后来在许多社会情景里都得到了印证:人们倾向于优先处置直接关系自身的利益诉求,假如公共事务无法带来明显且即时的回馈,就会出现投入不足或忽略管理的倾向。古代先哲的观察一方面揭示了当人们面临集体需要时常常会遇到动力不足的问题,另一方面启示人们在公共治理中必须思考如何通过制度与激励来引导人们参与,以免公共资源成为"无主之地"。

美国学者 Garrett Hardin 在 20 世纪 60 年代末期提出的"公地悲剧"论断则进行了这样的生动描述:在共享资源的情况下,每个人都可能陷入过度使用的泥潭。随着所有人都尝试最大限度地扩充自身可得利益,那些并无限制的公共资源就会被消耗殆尽,从而引发整体利益受损。[④]Hardin 揭示了在一个缺乏明确界限或监管的群体之中,个体基于合理自利选择所带来的累积后果,可能是所有人都不愿见到的破坏性结

---

[①] 博兰尼.自由的逻辑[M].冯银江,李雪茹,译.长春:吉林人民出版社,2002:94.
[②] 奥斯特罗姆.公共事物的治理之道:集体行动制度的演进[M].余逊达,陈旭东,译.上海:上海三联书店,2000:76.
[③] 亚里士多德.政治学[M].吴寿彭,译.上海:商务印书馆,1965:48.
[④] HARDIN G. The tragedy of the commons[J]. Science, 1968, 162(13): 1243-1248.

局。这个模型不仅为理解公共领域中的各种过度开发现象提供了经典解释，还引发了学界对于如何规避这类悲剧发生的深入探讨。此后，诸多学者不断从规则设计、法律约束与组织形式等角度寻找切实可行的防范方法。

与 Hardin 所聚焦的问题相呼应，奥尔森在《集体行动的逻辑》中进一步从激励机制的角度审视人们为什么不愿自发地为公共目标而努力。他指出，大型群体如果没有恰当的外部激励或强制机制，就很难促使每个成员积极付出，因为个人可能在选择"搭便车"时获得更为轻松的收益。[①]奥尔森认为，想要推动人们真正参与集体事业，需要通过差异化回报或有力的制度手段来调动行动意愿，否则无论公共收益多么显著，也依旧缺乏足够的动力让所有人都投入。该论断至今仍对政策设计与社会管理具有深远影响，呼应了人类在面对公共事务时可能出现的困境。多中心治理理论的提出与后续学术界针对激励机制的研究都为寻找更具弹性和可持续的公共事务治理路径提供了重要参考。通过多方主体的共同尝试，人们或许能在秩序与自由之间找到平衡点，进而建立更为有效的合作模式，为集体目标的实现持续注入活力。

学界基于先前的研究成果，提出了应对公共资源难题的两条主要路径：第一条是让政府统一决策和监督，通过集中掌控来分配和使用公共资源，并对违规者实施处罚；第二条则是依靠市场自发机制，由企业主导公共资源的占有与运用，以追求利用效率最大化。奥斯特罗姆通过深入思考，认为前述两种路径未充分纳入公共资源使用者内部互动及外部环境的多重要素，也忽视了制度演变往往带有渐进性与自主转换的可能。奥斯特罗姆还指出，若不充分考虑信息与交易成本，很难在实践中精准分析公共资源问题的复杂性。由此，奥斯特罗姆进一步阐述了多中心治

---

① 奥尔森.集体行动的逻辑 [M].陈郁，郭宇峰，李崇新，译.上海：格致出版社，1995：2.

理理论，将自主组织与自主治理作为核心。自主治理关注相互依赖的群体如何自我管理，既能防范免费搭车和逃避责任，又能抑制投机取巧的行为，使共同利益得以长久维系。多中心治理理论意味着多方权力核心在公共事务的处理中并存，所有决策主体都为公共利益服务，这些主体之间既有竞争又有依赖，并且相互尊重。随着奥斯特罗姆的持续拓展，多中心被视为公共治理的重要形态，不再局限于单一主体对资源的直接掌控，而是由多个利益相关方共同参与。①

### （一）多中心治理强调多层次的权力来源与多重中心共同运作

从宏观层面出发，多中心治理强调多层次的权力来源与多重中心共同运作，政府、市场、社会都扮演了不可或缺的角色。政府可以利用其强制力来提供基础制度支持和进行宏观调控，市场则以高效率和竞争机制为特征，社会则在基层层面提供自主性与广泛参与。这种多中心格局催生了多种治理方式。由于所涉政府部门在规模与职能上各不相同，多中心治理能够应对不同范围和领域的公共事务。② 例如，某些层级机构以综合目标为导向，为社区提供多方面公共服务；也有一些以特定功能为焦点，只负责灌溉、道路维护等专业性事务的部门。多中心治理在理念和思维方式上与传统单一治理模式存在显著差别，各权力主体不是相互排斥，而是通过兼容与协作实现联合管理。与传统单极模式相比，多中心治理模式更具优势，它能够整合政府的合法性与市场的灵活性，同时发挥社会网络的包容性，因而既能维持必要的权威，又能提高整体行动效率，从而为公共事务提供更具弹性和更为多样的解决方案。

---

① 奥斯特罗姆.公共事物的治理之道：集体行动制度的演进[M].余逊达，陈旭东，译.上海：上海三联书店，2000：59.
② 王兴伦.多中心治理：一种新的公共管理理论[J].江苏行政学院学报，2005（1）：96–100.

农村生态环境多元共治主体协同治理的实现机制

## （二）以多种形式提供公共物品，使供给渠道呈现多样化

理论研究者往往视公共物品为缺乏竞争或排他属性的产物，但多中心治理的视角表明，公共物品在一定范围内具备竞争性与排他性，而这一特征的最大价值在于可以超越单方垄断。多中心治理理论鼓励多个供给者同时参与公共物品的提供，这些供给者能够借助合约等手段开展同类产品或服务的竞争，从而在竞争过程中会努力降低成本并提升质量，公众则可依据自身需求与物品特色进行比选。多中心提供了灵活性，也保持了公共事务的公共性，因为各方都在既定规则下展开合作或竞争。多中心治理强化了公共领域的活力，越发凸显了竞争或准竞争机制的效能。[①] 在此模式下，公众不再只能接受唯一的公共部门供给，而是可以针对不同供给者做出理性评估，从而获得更高满意度。

## 二、多中心治理的基本要求

### （一）治理主体多元化

多中心治理推动治理主体从单一的政府扩展到企业、社会组织、公民个体等多个层面，主体位置因此不断增多，使得行政权力不再独占管理地位，颠覆了昔日由唯一公共部门垄断公共物品供给的图景，带来了供给方式与供给者的多重选择。在生态环境治理领域，许多研究和实际经验已说明，通过政府、市场与社会多元体系形成合力，可以更有效地保护生态并服务公众。多样化的治理主体协同运转时，自主治理的特色随之体现，这与奥斯特罗姆提出的自主治理理论紧密契合。奥斯特罗姆强调，不能盲目相信中央集权才是唯一出路，实际上，自发组织有潜力提供公共服务或管理共享资源。一群在利益上相互联系的个人或团体若

---

① 汤英.基于多中心治理理论的农村医疗改革创新[J].生产力研究，2010（12）：52-53，57.

能自行制定合作规则并妥善执行,就有机会避免人人都想搭便车或推卸责任的结局,从而共同获得可持续的好处。[①]自主治理背后蕴含的逻辑是,公共事务的当事方若能直接面对自身处境并彼此交流,就更有动力去维系资源与利益的长久分配,而不必完全依赖纵向的强制力量。

(二)治理目的公益化

多中心治理紧密围绕公共利益展开,政府作为公共事务的首要推进者,需要在政策绩效之外考虑是否有利于整体社会的发展与需求满足。多中心框架下,企业、社会组织以及公民个体同样服务于公共利益,他们的参与除了带来多重视角,也让公共决策更贴近实际需要。多中心的关键在于让所有主体均有发声机会,无论是政府还是普通公民,都可以就公共事务提出见解或建议。政府应避免对其他主体进行过度的干预或评价,而是通过制度设计与组织架构的安排,保证多元参与者能够在规则下自由表达,获得合理的反馈。在生态环境治理领域,政府可以从宏观视角制定环境保护政策,企业可以借助市场导向来改进清洁生产技术,社会组织和普通公民则可通过环保行动或舆论监督来参与生态保护。多方形成合力后,资源配置的效果将更为显著,公共福利的目标也能够得到有效落实。多中心治理在此意义上不仅革新了传统的单向管理思路,还激励了部门、组织与个人之间的交流与合作,最终有助于将公共利益贯穿决策与执行的全过程。倚仗多中心的制度安排,社会各界可围绕公共事务构建持续协作的关系网,进而在公共物品的提供与维护中展现更高的适应能力与更广的覆盖范围。通过多中心的多向度协商与评估,公共事务能够在分工细化中实现专业化与灵活性的结合,也能在普遍参与中确保公共需求得到及时回应。多中心治理促使每一个参与者协同努力,为社会发展与公众福祉做出更大贡献。

---

[①] 奥斯特罗姆.公共事物的治理之道:集体行动制度的演进[M].余逊达,陈旭东,译.上海:上海三联书店,2000:51.

### （三）治理结构网络化

现代社会网络的高度发展让政府、企业、社会组织与公民等不同群体均成为互联网络中的重要节点。各参与者在信息传播工具的支撑下，可以快速进行意见交流和资源共享，于是渐渐不再受制于单向管控，反而借助多方节点的互动维系新型结构。多中心治理依托这种网络化联结，改变了原先的层级秩序，让每个节点都具有潜在的中心功能。多方节点之间通过灵活的互联机制进行沟通，平等地表达各自的利益与需求。多中心框架中，相互依赖和相互协调成为可能，尤其在网络环境中，单一路径的制约更易于打破，主体可以自我组织与自我监督，并在面对公共议题时发挥主动性。多中心理论强调节点间的地位趋向对等，由此催生出多向交流的机会，令治理结构变得更具弹性，每一个主体都能借助网络化联系协同处理公共事务，进而形成效率更高的治理格局。

### （四）治理角度整体化

多中心治理依托整体性视角展开各种公共事务的管理，传统的单向集中模式很难适应现代社会的复杂情况。多中心意味着无法简单划分中心与边缘，各参与者在互动过程中相互独立却又互相依赖，强调整体层面的功能融合。多中心治理理论认为，唯有共同构筑整体治理框架，才能形成可持续的合作模式。在这个协同过程中，各参与者既要维护自身权益，又要努力促成公共利益最大化。多中心在执行中呈现出明显的功能创新，集体努力不仅能够推动公共目标的实现，还能让相关单位在合作中获得双赢或多赢。多中心治理通过整体性思路调配资源，让政府更能践行服务人民的宗旨，让企业更有动力承担社会责任，让社会组织与个人在共同事务中发挥关键作用，如此就能在长效机制中持续产生惠及大众的成果。

**(五)治理方式协同化**

多中心治理的方式注重合作与协同,意味着协同效率优先于单一治理。多中心框架主张在多方界限清晰的基础上,通过灵活的平台机制凝聚各主体力量,使得公共事务管理更具可操作性与包容性。现代信息技术的兴起进一步增强了多中心协同的便捷性,沟通渠道被打通后,不同群体能以平等姿态交换意见或达成共识。多中心治理在实践中倡导的是多向度的互动,政府掌握宏观调控手段,企业利用市场优势提升运营效率,社会组织与个人凭借基层网络和公众意识参与决策,从而在协商过程中形成多方认可的方案。多主体在这种联动中反复磨合、彼此激荡思维、不断优化治理策略,最终实现协同共建,将公共领域打造成各方均能参与且能够持续改进的合作平台。

## 三、我国农村生态环境的多中心治理

多中心治理理论主张在政府、市场、社会组织和公民的框架下,构建多中心化的公共事务治理格局,让各主体在平等、协作的前提下参与治理,不再维持单向的命令服从链条。[1]多中心治理并未否定在部分公共事务领域,政府部门依然可能扮演主要推动角色,但同时要求其他主体与政府共同提供公共服务。在我国农村生态环境的治理中,市场、社会组织以及公民个体能够协力弥补政府在生态保护方面的不足,让农村生态环境治理更具高效性与可操作性,带来实质性的生态利益。

**(一)明确农村生态环境治理的目标**

农村生态环境的多中心治理需要设定清晰的目标导向。农村地区的环境保护本质上与整个国家的生态策略紧密相连,因此农村的生态环境

---

[1] 魏波.多主体多中心的社会治理与发展模式[J].社会科学,2009(8):79-84,189.

农村生态环境多元共治主体协同治理的实现机制

治理与国家层面的环境目标相一致。国家在环境管理中所确立的目标通常涵盖改善生态系统、推进可持续发展及强化公众福祉等方面。农村生态环境治理的主要目标一方面是实现善治，另一方面是促进生态的可持续发展。

农村生态环境善治的内涵可从俞可平对于"善治"的解读中得到启示。俞可平强调，善治意味着公共利益得到最大化的管理方式，也意味着政府与公众在公共生活中实现合作并构建新型关系。① 这种新型关系通常包含五个评判维度：合法性、责任性、透明性、有效性和回应性。若从农村生态环境治理视角出发，就能发现多中心治理方式能否落到实处，需要考量其在合法合规、合理正当、公开透明、高效运转与及时回应五个方面的具体表现。只有通过跨主体之间的持续协商、对话与合作，才能尽可能消弭差异，打破政府、社会组织、企业和公民之间的屏障，用多方合力的模式实现农村生态环境治理领域的善治。善治不仅需要良好的制度环境与执行力，还需要不同群体拥有畅通表达意愿与需求的机会，更需要在决策与落实过程中保持过程公正和信息透明。多中心治理正是要在这样的大前提下，让每一位参与者都能贡献力量，一起维护农村生态环境。

农村生态环境治理的另一核心目标是促进可持续发展。可持续发展要求在满足当代人需求的同时为后代保留满足其需要的资源与环境基础。在农村，可持续发展更需要兼顾农业生产、农民生活与生态保护三方面的平衡。② 要使农村生态环境在更长的周期里保持健康状态，必须在保护土地、森林、水资源等基本要素的前提下，充分考虑人口增长与资源再生之间的矛盾，也要在治理实践中妥善安排对生态环境的合理利用。多中心治理在这里扮演了重要角色，政府可通过政策引导和公共投入维护

---

① 俞可平. 善政：走向善治的关键 [J]. 当代中国政治研究报告，2004（0）：16–22，5.
② 李红梅. 如何在可持续发展中争得环境权？[J]. 环境保护，2010（16）：43–44.

基本环境底线，企业可借助技术与资金投入带动绿色产业发展，社会组织可通过公益活动或专业治理方案增强企业和农村居民的生态意识，农村居民可以在日常生产生活中自觉守护环境。当多元主体在遵循生态保护原则的同时推动经济和社会进步，农村整体就有望摆脱单一增长模式带来的生态代价，实现人与自然和谐共生。[1] 农村生态环境治理只有在"保护优先、合理利用"的理念指导下，才能走向一条持续向好并兼顾民生需求的可持续发展道路。多中心治理能够让更多人从不同角度出发探寻协调路径，也能够让环保行动在具体落实时得到更广泛的支持与参与，为农村生态环境的长久改善提供坚实的制度基础与合作氛围。

### （二）农村生态环境治理中的政府主体

传统治理模式下，政府作为唯一的权威性管理主体，负责自上而下地分配资源与执行政策；而多中心治理理论重新分配了权力，让政府成为多种主体并存格局中的重要一极。政府在这个新体系中，虽然依旧具备强大的组织能力和决策权限，但已逐渐让渡部分职能给企业、社会组织以及公民个体。政府通过组织与协调，搭建沟通与互动的平台，帮助各方利益相关者在同一场域里彼此磨合、交换意见、达成合作方案。政府在推动农村生态环境治理的过程中，既维持了对公共事务的有效掌控，又激发了其他参与力量的主观能动性，从而使环境保护与农村发展的双重目标更易实现。[2] 政府在这一框架内，需要积极整合资金、人才及技术支持，通过对农村居民需求的了解，将企业、社会组织与基层实际结合，使生态环境治理更具针对性与实效性。在沟通方式上，政府可以通过召开协调会议、开展培训宣传、建立示范项目等多元举措，将不同主体的利益诉求纳入决策过程，形成利益共享和责任共担的生命共同体。政府

---

[1] 王碧玉.农村反贫困对策研究[J].商业研究，2007（12）：161-163.
[2] 冯阳雪，徐鲲.农村生态环境治理的政府责任：框架分析与制度回应[J].广西社会科学，2017（5）：125-129.

以此保持自身核心地位，强化公共部门的专业能力，但并非对所有事务一手包办，而是在互动中鼓励其他利益相关者共同投身生态环境治理，让治理方式更灵活、更贴近农村现实。

### （三）农村生态环境治理中的企业主体

企业通常以营利为主要目的，即便在参与公共事务时也仍然关注成本与收益的平衡。多中心视角下，企业若想长久地融入农村生态环境治理，就需兼顾经济利益与社会责任。企业可以通过以下两方面来提升对农村生态环境的治理贡献：一方面努力降低生产过程对自然的破坏，尝试利用清洁能源、减排技术或改进废弃物处理方式，减少对河流、土壤和空气的负面影响；另一方面主动参与公共服务，为改善农村生态环境而出资出力，如资助环保项目、支持生态修复计划或提供专业技术指导。企业在这一过程中，既能为自己赢得较好的社会声誉与品牌形象，又能够帮助当地民众获得实实在在的环境收益。如果企业切实履行环境责任，通过成本节约和效率提升来维持盈利动能，就会形成良性循环，从而在市场竞争和环境保护之间找到平衡点。多中心治理结构为企业提供了跨主体合作的机会，各方可通过协商与合同制定来明确各自职责与收益分配，使企业在开展经营活动时依旧能兼顾环保价值，推动农村生态环境可持续发展。

### （四）农村生态环境治理中的社会组织主体

社会组织通常不以营利为目的，但也并非单纯地追求社会效益最大化，而是要在社会使命和现实运营之间取得平衡，其经费主要来自民间捐款或政府财政拨款。社会组织肩负着为社会公共利益提供服务、增进社会和谐的使命，其内部结构通常具有自治、自愿与非营利等特征。① 社

---

① 萧鸣政.非营利组织人力资源管理的几个发展方向：基于非营利组织特征的思考[J].中国人力资源开发，2007（7）：72-74.

会组织在政府与企业尚未完善的情况下,能够为维护弱势群体权益或填补服务空白提供更为灵活的路径。在农村生态环境治理领域,社会组织可凭借较高的公益属性和专业能力,针对当地生态问题提出创新性建议,或者直接介入具体事务,如倡导绿色生产生活方式、动员基层志愿者参与河道治理、协助农民学习循环农业技术等。社会组织也可以充当桥梁,将政府、企业以及农村居民联系在一起,通过调研、沟通和谈判,平衡各方利益,尽可能减少冲突,进而增强农村对环境保护的整体认同度。若社会组织能够在多中心治理结构中持续发挥推动与促进效应,就能有效联结各种资源,为农村地区生态建设提供更多元的动力。

### (五)农村生态环境治理中的公众主体

公众在多中心治理中同样是重要参与者。在农村生态环境治理领域,农村居民不仅是被动接受治理的对象,还可以主动成为管理者或监督者。农村居民在实践中往往具有丰富的本地知识与切身经验,能够快速发现环境问题,提出针对性建议,并以主人翁姿态参与保护行动。农村居民还可以通过直接途径表达诉求,如向政府表达诉求、在基层会议中发声、运用网络平台展开讨论,或者通过选举和投票的方式为政策制定提供参考。多中心治理理论鼓励公共事务管理更具开放性与包容度,因此不同时代、不同背景的农村居民都应当有合理的发言空间与机会。农村居民若能在这一过程中感受到平等对话的氛围与切实的利益回应,就会更自觉投入环保工作,从而使个体的力量汇聚成护卫农村生态环境的社会合力。政府在面对农村居民的意见与需求时,也应及时做出回应并将之纳入政策考量,以免治理过程流于形式或引发新的矛盾。企业和社会组织同样可以借助与农村居民深度互动的契机,利用协商、谈判或培训来引导更多人接受生态理念,形成"众人拾柴火焰高"的环境治理氛围。若所有相关力量都能在多中心治理框架下发挥主观能动性,就能实现农村生态环境治理的共商共建共享,使绿色发展与农业、农村、农民的需求

农村生态环境多元共治主体协同治理的实现机制

有机融合,最终达成经济利益与环境利益的平衡。

## 第四节 生态环境与经济协调发展理论

### 一、对经济发展优先论的反思

在探讨经济增长与生态环境保护的关系时,部分观点倾向于将经济发展置于首位,视经济增长为首要追求,认为生态环境问题将伴随经济与科技的进步而自然消解。此类观点过度凸显经济效益与科技进步的价值,简化了对发展内涵的理解。诚然,经济增长可能促进科技进步,但也可能破坏生态环境。该观点通常预设,当经济与科技发展至一定水平,社会将拥有充足资源应对由此引发的生态环境问题。此类无约束的经济发展观念忽视了生态环境的承载极限与可持续性,往往导致资源过度开采与环境质量退化。

### 二、环境优先论的立场阐述

工业化和城市化进程的加快带来了严重的环境污染和生态破坏,这一系列环境问题日益严峻,逐渐引起全球广泛关注。"环境优先论"的提出正是对此类问题的积极回应。

20世纪70年代,日本环境白皮书首先提出"环境优先"这一口号,但当时并未受到普遍重视。1987年2月,东京环境问题特别会议通过了布伦特兰委员会的报告《我们的共同的未来》,提出持续发展的理论。1989年,东京环境会议面对不断恶化、日趋复杂的世界环境问题,主张在发展经济时应首先考虑环境保护和注重维护生态平衡,使环境优先论受到关注和确认。①

国际社会通过了一系列环境保护公约和协议,推动各国重视环境保护。1982年,联合国大会通过了《世界自然宪章》,强调了环境保护的优先地位,要求各国避免进行可能对大自然造成不可挽回损害的活动。我国2014年修订的《中华人民共和国环境保护法》相较于此前版本,明确提出了环境保护坚持"保护优先"的原则,这反映了我国对环境保护的重视程度不断提高。

如今,环境伦理观已从人类中心主义、非人类中心主义转向可持续发展的环境伦理观,强调生态系统的整体性和环境的独立价值。人们深刻认识到环境保护是人类自身必须面对的问题,更是关系到整个生态系统和后代生存的重要任务。随着环境问题日益突出,公众对环境保护的关注度不断提高,各种环保组织在推动环境优先论方面发挥了重要作用。与此同时,公众参与环保的机制不断完善,环保教育逐渐普及,进一步推动了环境优先论的普及。

### 三、经济与环境协同演进的必要性

近年来,无论是城市还是农村,经济增长速度均在不断加快。城市在追求发展的过程中往往忽视环境承载能力,向农村转移大量污染物,致使农村生态环境问题日益凸显。有效解决农村生态环境污染问题,需在经济增长与生态环境保护间寻求合理平衡点。这要求制定既能促进经济发展又不忽视生态环境保护与治理的策略。经济与环境的协同演进视角倡导在确保经济增长的同时实施有效的环境保护措施,以遏制环境进一步恶化。

---

① 《环境科学大辞典》编委会.环境科学大辞典:修订版[M].北京:中国环境科学出版社,2008:320-321.

## 四、促进协调发展的策略框架

要实现经济与生态环境的协同演进,政府需采取积极政策措施,引导经济活动向环境友好型转型。政府可通过完善环境保护税、提供环保补贴、推动绿色技术研发与应用等手段,激励企业减少环境污染,采用更为可持续的生产模式。政府应加大环境法规执行力度,确保所有经济活动均在环境法规框架内有序开展。

在社会层面,提升公众对生态环境保护的认知至关重要。社会组织可借助教育与媒体的力量,加深公众对环境保护的认识,增强公众的责任感,鼓励更多社会力量投身环境保护活动。公众参与不仅能推动政策落实,还能形成监督机制,确保政府与企业的环境行为得到有效监管。

强化国际合作尤为关键。在全球化背景下,环境问题往往跨越国界,需要国际社会共同努力。通过参与国际环保协议,我国能够加强与其他国家在环保技术领域的交流与合作,共同推动全球生态环境改善,实现经济增长与环境保护的双赢。此类多维度的治理策略不仅能够有效协调经济发展与环境保护的关系,还能为未来可持续发展奠定坚实基础。通过这些举措,我国可逐步构建起既有利于经济发展又能保护生态环境的社会发展模式,真正实现经济与环境的和谐共生。

## 五、农村生态环境治理与区域经济协调发展的耦合

在乡村振兴与可持续发展双重战略的推动下,农村生态环境治理与经济协调发展构成互为表里的系统工程。基于生态经济系统理论,剖析环境治理与经济转型的内在耦合逻辑,提出通过价值重构、技术嵌入与制度创新实现协同演进的理论框架,能够为破解"环境—经济"二元悖论提供新的认知视角。

生态系统与经济系统之间的物质能量交换构成协同发展的基础。农村生态环境治理通过修复生态本底、提升资源承载力,为经济转型提供

要素保障；经济发展则为环境治理注入资金、技术，创造价值补偿渠道。两者遵循"环境容量阈值—经济转型拐点"的动态平衡规律，这一规律指当生态资本积累突破临界值时，将推动农业生产方式革新与产业链价值跃升，该非线性演进特征要求建立具有正反馈效应的协同机制。

当前区域经济协调发展面临三重结构性矛盾：生态环境治理的公共属性与市场机制缺位导致价值难以转化，传统产业路径依赖与绿色技术应用滞后导致技术升级停滞，行政主导的碎片化治理与多元主体参与不足造成制度供给失衡。此三重矛盾在实践层面表现为生态环境治理投入产出效率低下、绿色产业发展动能不足以及政策协同性缺失等问题。为了推动生态价值的市场化流转，应建立完善的生态产品价值实现体系。这一体系应通过明确产权界定、设计交易机制以及利用品牌溢价等手段，将生态治理成果，如水土保持、碳汇增量等，转化为可交易资产。浙江湖州安吉于2021年上线运行全国首个县级竹林碳汇收储交易平台，构建"林权流转—碳汇收储—林地经营—平台交易—收益反哺"的全链闭环管理体系，实现了生态价值市场化流转，推进了绿色技术创新链与产业链融合，从而更好地发展智慧型生态农业。截至2024年8月，安吉已完成交易碳汇约4.63万吨，销售总金额约173.15亿元，成功将生态红利转变为经济红利，通过组建股份制毛竹专业合作社、集中收储交易、入股碳汇强村富民集团有限公司等方式，实现村集体和村民按比例享受分红，让资源从村民手中来、效益回到村民手中去。[①]

要将农村生态环境治理与区域经济协调发展相结合，在操作层面需把握三个着力点：第一，培育新型农业经营主体作为协同载体，通过合作社、家庭农场等组织形式内部化环境治理成本；第二，构建城乡要素对流通道，引导城市技术资本下乡参与生态治理项目；第三，完善协同

---

① 浙江省林业局.湖州"碳"路：竹林碳汇借绿生金[EB/OL].（2024-08-21）[2025-04-05]. http://lyj.zj.gov.cn/art/2024/8/21/art_1229001954_59076712.html.

发展评价体系,将生态系统生产总值纳入政绩考核,形成目标导向的激励约束机制。

农村生态环境治理与区域经济协调发展的本质是通过系统重构实现生态资源资本化,要求突破传统二元对立思维,在价值认知、技术应用和制度设计层面建立协同互促机制。未来的实践探索应着重解决不同区域资源禀赋条件下的模式适配性问题,推动形成具有韧性的可持续发展范式。

# 第五章 农村生态环境多元共治主体协同治理的制约因素

第五章 农村生态环境多元共治主体协同治理的制约因素

# 第一节 政策工具层面

"选择合适的政策工具，可以起到事半功倍的作用。"① 这将有利于改善我国的农村生态环境问题，有利于人与自然和谐共生，有利于经济与环境的协调发展。我国农村生态环境治理已经形成了规制性政策工具、社会性政策工具和市场性政策工具相结合的工具体系。本书运用政策文本分析法，对 1978—2024 年我国农村生态环境治理工具体系进行梳理，共计有 1422 份政策文本。② 其中主要包含申报许可、环境标准、环境行政处罚、环境资源规划、环境保护名录、环境信息公开、环境考核评价、环境税收、环境补贴、环境保险、环境统计、排污权交易、限期治理、技术开发、环境协商等工具类型。

## 一、规制性政策工具占主导地位

规制性政策工具在生态环境治理领域占据了主导地位，此现象根源于其固有的治理优势及强制执行力。此类工具在政策工具总体使用中的占比高达 71.65%，远超其他类型政策工具。这一高频使用现象不仅彰显了规制性政策工具在环境政策体系中的核心地位，亦反映了其在实践操作中的广泛应用及显著的治理成效。规制性政策工具通过确立明晰的法规与标准，为环境保护提供了具体可行的操作指南与执行基准。

在规制性政策工具的广泛实践中，申报许可的使用频次最高，占比达 37.71%。申报许可作为一种典型的行政调控手段，要求企业在开展

---

① 胡仙芝，张璞. 寻找出路：公共政策视野下的经济发展与环境保护 [M]. 北京：群言出版社，2012：258.
② 甘黎黎. 中国农村生态环境协同治理研究 [M]. 南昌：江西人民出版社，2021：162.

可能对环境产生影响的活动前,必须获取政府的许可授权。此方式有效遏制了潜在的环境污染源,确保了各行业活动均在环境安全框架内有序进行。

环境标准的使用频次亦占据重要地位,占比 16.15%。这些标准明确了环境质量与污染物排放的具体指标,为环境保护提供了量化的衡量尺度与目标导向。通过实施严格的环境标准,政府确保了各方在生产与服务过程中满足必要的环保要求,有效管控了环境污染问题。

环境行政处罚的使用频次占比达 12.99%。环境行政处罚是对违反环境保护法规的个人或机构所施加的法律制裁,通过惩罚机制震慑潜在的违规行为,促使经济活动参与者严格遵守环境法规。

环境资源规划的使用频次占比为 8.94%。此类工具通过科学规划与合理分配环境资源,优化了资源配置,减少了资源浪费,促进了环境与经济的和谐共生。环境资源规划确保了经济发展与自然资源保护之间的平衡,避免了盲目开发所带来的环境破坏。

环境保护名录的使用频次占比 5.07%。环境保护名录通常涵盖需特别保护的自然区域与物种,此工具的使用有助于集中资源对特定保护区域与物种实施保护工作,提升了保护效率与成效。

上述使用频次排名前五的政策工具共占规制性政策工具使用总频次的 80.86%。这一数据揭示了规制性政策工具在环境政策中的集中应用态势,亦反映了这些工具在实现环境治理目标方面的显著效力。这些工具各司其职,从不同维度与层面对环境问题进行全面干预与管理,构建了一个多层次、全方位的环境保护体系。

## 二、社会性政策工具的使用小幅增长

近年来,伴随公众环境保护意识的增强及参与意愿的提升,社会性政策工具在农村生态环境治理中的应用展现出显著的增长态势。此类政策工具的应用不仅强化了政府与民众的互动,还有效推动了生态环境治理的社会化与民主化进程。社会性政策工具主要包括信息型政策工具与公众参与两大类,这两类工具在近期应用中显现出互补性与功能均衡的特点。

信息型政策工具在社会性政策工具中的使用比例高达50.68%,凸显其在农村生态环境治理中的核心作用。此类工具通常采用"自上而下"的信息传递模式,涵盖环境统计、环境监测及环境信息公开等方面。通过此方式,政府能够高效收集、处理并发布环境质量及污染状况数据,为科学决策提供坚实依据。环境信息公开旨在提升公众对环境问题的认知度和社会对环境保护的关注度,进而激发更多民众参与到生态文明建设中。信息型政策工具的透明化运作有助于增强政府行为的公信力与责任感,为公众监督政府行为提供了可能。

与信息型政策工具相辅相成的是公众参与,其在社会性政策工具中的使用占比达到49.32%。公众参与通常采取"自下而上"的方式,即民众直接参与到环境治理的各个环节,如环境保护项目参与、环境监督、政策制定的咨询与反馈等。在我国农村地区,公众参与的增强有效推动了生态环境治理工作的深入。民众通过参与可直接表达环保需求与意见,这不仅提升了环境政策的适应性与接受度,也增强了治理成效。公众参与使得环境政策更加贴合当地实际情况,有效解决了部分地方性环境问题。

信息型政策工具与公众参与的均衡运用表明,农村生态环境治理正由单一的政府主导模式向政府与公众共同参与的模式转变。此转变不仅提高了政策的透明度与公众满意度,也提升了政策执行的精准性与效率。公众参与范围的扩大使得环境保护措施更加多元化,同时促进了治理过程的民主化。政府通过信息型政策工具保持信息的开放与共享,而公众通过参与活动反馈信息,形成了良性的互动与监督机制。

### 三、市场性政策工具应用未发挥功效

在农村生态环境治理领域,市场性政策工具的应用相对匮乏,且效果尚未达到预期水平。此类工具在所有政策工具中的使用频次仅占12.10%。这一比例相较于规制性政策工具和社会性政策工具明显偏低,表明在农村生态环境治理策略中,市场机制的引入与利用尚未得到广泛普及与深入推广。

市场性政策工具的实际运用主要聚焦于"用者付费"与"生态补偿"两大类别。其中,"用者付费"的使用频次占比高达60.38%,而"生态补偿"的使用频次则占比28.46%。这两类工具合计占比88.84%,几乎囊括了市场性政策工具的全部应用场景。此数据反映出,在当前市场性政策工具的应用中,有限的几种类型承担了主要的应用任务。

尽管"用者付费"与"生态补偿"在统计上占据较高比例,但这些工具的实施多处于试验探索阶段,尚未在全国范围内全面推广。在具体实践中,市场性政策工具仍以试点形式存在,未能形成成熟且系统的实施策略。即便是应用最为广泛的"用者付费",其应用也局限于某些区域或特定的环境服务领域;而"生态补偿"作为近年来逐渐受到重视的政策工具,其应用同样主要集中于特定的生态保护项目。

市场性政策工具应用不足且效果有限的原因复杂多样。首要原因在于,这些工具在设计与实施过程中往往带有较强的政府引导色彩,缺乏足够的市场运作自由度,导致其在市场环境中难以充分发挥作用。市场主体与社会主体的参与度较低,限制了市场性政策工具效能的发挥。在某些情况下,由于缺乏充分的市场激励与参与主体的积极性,这些政策工具未能有效激发市场与社会的潜力,进而造成实际应用效果不佳。

尽管市场性政策工具目前的应用范围有限,但其在理论上与规制性政策工具和社会性政策工具存在潜在的互补性。通过科学合理的设计与实施,市场性政策工具能够与规制性政策工具形成有效协同,如借助市

场机制优化资源配置,通过经济激励强化规制措施的执行效果。市场性政策工具亦可与社会性政策工具相结合,通过提升公众环保意识与参与度来增强市场措施的接受度与有效性。

## 第二节 协同治理观念层面

协同治理与集体行动关联紧密,而"集体行动不是一种自然现象,而是一种社会建构"[①]。农村生态环境的协同治理意味着治理主体对治理所涉及利益的协商以及共同担负的风险,形成治理合力以对抗农村生态环境风险。风险共担意味着治理主体不得转嫁风险,而要在协商的基础上防范风险。协同治理要求治理理念的更新,这些治理理念要求修正一些不合时宜的思想观念。但是从现有的农村生态环境协同治理程度来看,社会主体对于协同治理的认识和理解存在一定差异性,特别是政府方面的观念,阻碍了协同治理的顺利推进。

### 一、政府自身职能定位有待精准

政府在传统模式下承担着农村生态环境管理的核心职责,政府往往以全能型政府的姿态出现,并通过对各种社会资源的全面掌控来主导环境治理。政府在早期确实凭借这种集权式管理模式取得了一定成效,但随着农村生态环境问题的复杂化不断显现,政府的全能管理方式逐渐暴露出难以为继的弊端。政府在治理失灵的背景下,其作为公共服务唯一供给方的弊端也逐渐凸显。政府若延续单纯的行政管制,不仅不能有效

---

① 克罗齐耶,费埃德伯格. 行动者与系统:集体行动的政治学[M]. 上海:上海人民出版社,2007:1.

应对多样化的生态问题，反而会陷入"鞭长莫及"的窘境。政府从"有限理性经济人"的视角出发，可以通过行政规制等手段快速介入生态风险管控，可此种规制手段仍需与农村生态本身特质相契合。政府借助公共权力能够在立法、制定标准和信息传播层面展现出巨大优势，政府在此环节里的作用不可或缺，政府也能清晰地定位出自身在宏观规制中的角色。政府在协同治理阶段对自我角色的把握却并不精准，政府因科层制组织的固有特征而形成集中的权力架构，政府的权威又进一步强化了组织结构的等级性，这种高度集中为产生治理精英提供了土壤，使社会组织难以进入广阔的治理领域，只能以半官方的形式零星参与。政府在市场方面的态度也因定位不明而导致单一化的市场化尝试，主体责任边界模糊，市场化不充分，效率自然难以提升。政府若无法及时意识到此种制度性掣肘，就会陷入协同治理困境，使多元主体难以有效凝聚合力。

## 二、职能人员观念需进一步提升

政府在职能人员观念方面同样面临瓶颈，职能人员如果缺乏面向跨区域的生态保护思维，政府就无法实现超越行政区划的协同治理。政府面对农村生态环境的跨区域属性，理应在府际层面加强合作，但滞后的理念往往阻碍了跨区域协作的顺利推进。政府在传统的考核机制下，更倾向于将经济发展视为核心指标，政府职能人员的晋升过程亦往往与国内生产总值（Gross Domestic Product, GDP）增速等经济成果直接挂钩，而生态保护指标所占比重偏低，政府职能人员在有限任期内为获取更佳政绩，常常忽视长远的生态整体利益。政府因此形成对经济利益的高度关注态度，却对跨区域生态环境协同治理缺乏兴趣，于是常出现"谈起来很重要，做起来不积极"的现象。政府在应对跨区域生态环境难题时，也常受属地意识影响，政府职能人员会更在意本辖区内的短期经济成绩，而对跨区域合作则表现得较为被动。

政府在推进协同治理时也受到职能人员个人观念的滞后性影响，政府职能人员在决策过程中衡量收益与风险，若跨区域合作成果无法保障政绩提升，其就可能采取保守态度，避免冒险导致失败后政绩受损。政府职能人员在对农村生态环境实施管理时，其个人倾向对具体执行效果影响显著，如果职能人员对跨区域生态治理持漠视的态度，那么就会出现行政消极或不作为现象，导致生态环境协同治理形同虚设。政府职能人员若没有真正建立跨域思维和战略眼光，就无法深化地区间的生态合作，从而使已签订的协同协议或合作计划无法落到实处，也难以产生实质性的环保成效。政府职能人员如果缺乏在生态议题上广开思路的魄力，纵然拥有制度与资源的优势，也难以解决部门之间的推诿问题。

政府若想弥补自身在职能定位和人员观念上的短板，就需在治理架构中让渡一定权力空间给其他主体，并以更加公开、透明的方式推进社会组织与市场主体的积极介入，使农村生态环境保护不再局限于政府大包大揽的传统模式。政府在协同治理阶段应当全面提升府际协同水平，通过完善跨域协调机制来打破传统属地概念对职能人员考核和利益分配的束缚，让职能人员在追求政绩与维护环境公益之间实现协调平衡。政府还应当优化职能人员的政绩考核体系，重视对生态指标和跨区域治理成效的评估，进而激发职能人员主动进取的积极性。政府只有在观念层面为生态保护树立长远思路，才能从制度与组织上为农村生态环境协同治理培育可持续发展的基础，让更多元化的主体有机会贡献智慧和力量，以真正实现农村生态环境的跨域联动与整体改善。[①]

---

① 魏向前.协同治理：破解区域发展碎片化难题的有效路径[J].天津行政学院学报，2016，18（2）：34-40.

农村生态环境多元共治主体协同治理的实现机制

# 第三节　协同治理主体层面

## 一、政府层面的制约因素

### （一）以环境保护部管理为主，农业农村部管理为辅

2008年环境保护部成立以后，农村生态环境相关议题更加复杂，环境保护部的自然生态保护司与农业农村部的科技教育司资源环境处共同负责农村生态环境领域的管理工作。司局级以下层面的职能部门级别与力量相对薄弱，若再延伸到县一级的环保与农业部门，执法和管理能力更显不足，在面对庞大而多元的农村生态环境问题时往往力不从心。①

资源管理方面之后主要由自然资源部承担，其职责涉及保护和合理利用土地、矿产、海洋等自然资源，并统一规范相关管理秩序。该部门还负责全国耕地保护与数据统计，推动土地资源节约集约利用，落实矿产开采及地质勘查监督管理，并肩负地质环境维护的任务。资源收益的征收和资金使用的规范，同样是自然资源部的工作范畴。该部门重视技术进步与信息化建设，积极制定科技人才发展战略及实施重大科技项目，以期在国土资源信息与公共服务领域不断完善体系。开展国际合作与交流也是其重要职责之一，从而为全国范围内的自然资源保护提供更多元的思路与实践支持。

---

① 金书秦，韩冬梅.我国农村环境保护四十年：问题演进、政策应对及机构变迁[J].南京工业大学学报（社会科学版），2015，14（2）：71-78.

## 第五章 农村生态环境多元共治主体协同治理的制约因素

### （二）以生态环境部和自然资源部管理为主，农业农村部管理为辅

生态环境部组建后，通过下属的综合司、法规与标准司、自然生态保护司、水生态环境司、大气环境司、应对气候变化司、土壤生态环境司、固体废物与化学品司、环境影响评价与排放管理司、生态环境监测司以及生态环境执法局等部门延伸至农村生态环境治理领域，能够对农村生态保护、监测与执法等工作进行系统性管理。自然资源部在形成新的职能架构后，同样拥有面向农村生态的管理权限，国家林业和草原局、自然资源确权登记局、自然资源所有者权益司、自然资源开发利用司、国土空间规划局、国土空间用途管制司、国土空间生态修复司、耕地保护监督司、地质勘查管理司、矿业权管理司等部门分别承担林地、草原以及土地利用、耕地保护与矿产资源管控等职责，在不同维度和层面共同参与农村生态环境事务。农业农村部虽然经历了机构改革，但依旧保留了部分环境管理职能，主要职责聚焦在统筹推动农村社会事业、公共服务与人居环境改善上，同时承担农业资源区划、农用地和渔业水域保护等具体任务，负责水生野生动植物保护、耕地及永久基本农田质量维护，指导设施农业发展和农业清洁生产，带动可再生能源综合开发与利用，为生态循环农业提供技术支持，牵头管理外来物种，并监督农业投入品及农业生产资料的使用。农业农村部在内部机构设置方面，依托农村社会事业促进司统筹村庄整治与环境改善，通过科学技术司监督农业转基因生物安全、指导农用地保护和农产品产地环境管理，推动可再生能源开发利用以及生态循环农业建设。种植业管理司则重点负责种植业结构与布局调整及标准化生产，承担肥料和农药监督管理工作，协调农作物病虫害防治与植物检疫。畜牧兽医局则负责畜牧业、兽药与兽医器械监管，指导畜禽粪污资源化利用，并组织实施动物防疫检疫等工作。

农村生态环境多元共治主体协同治理的实现机制

## 二、社会组织层面的制约因素

### (一) 社会组织发展有待提升

社会组织在农村生态环境治理中面临较多发展瓶颈,其资金来源的局限性引发关注。社会组织以非营利性为根本属性,难以获得充分的经济支持,政府拨款、社会捐赠与会员会费的总量有限,再加上社会组织整体认可度偏低,导致企业和公益基金向其注入的资金规模迟迟无法扩大。资金紧张进一步影响社会组织的日常运转与项目执行,也使得其难以吸引高质量人才加入。人力短缺同样成为社会组织普遍遇到的难题,现有人员主要由从政府部门退休的专业人士和社会招募的志愿者构成,前者虽拥有经验却因年龄因素削弱实际工作效率,后者热情度高却缺乏农村生态环境专业素养,也受限于时间和经济条件,最终难以为社会组织提供长久且稳定的支持。管理规范欠缺同样困扰着社会组织的日常运行,部分社会组织并未建立起与法律法规有效衔接的内部章程,也缺乏合理分配内部权利与义务的制度指引,一旦运行模式不透明或责任归属不清晰,外界便对其公信力产生疑虑。

### (二) 社会组织参与农村生态环境治理实践不足

社会组织在行业分布方面也存在明显不平衡,社会组织多集中于农业及农村发展、工商服务或社会救助等领域,而真正将重心放在环境保护、法律支援或卫生健康等方向的组织数量偏少。环保类社会组织多活跃于城市尤其是经济发达地区,对广大农村地区关注不足,难以在乡村层面提供长期而有效的环保宣传或维权支持。缺少环保类社会组织进入农村开展生态教育、公益诉讼或污染维权,使得农村社区在面对各类环境难题时显得孤立无援。社会组织在此领域尚未形成规模和体系,其能够为农村生态环境提供的服务与资源也十分有限。

### 三、企业层面的制约因素

部分企业责任意识不足,如有的乡镇企业追逐利润,更愿意将有限的资金投入生产与销售环节,对自身产生的负面影响缺乏足够重视。一些小规模企业因成本和技术瓶颈难以及时升级环保设备,企业经营者文化水平或环保认知水平相对较低,导致其在生产过程中更倾向于忽视废气、废水或固体废弃物的排放管理。一些企业经营者清楚排污危害但仍以追逐经济效益为先,往往还会采取逃避责任的行为,一旦外部监督缺失或处罚力度不足,企业就会将有限投入优先用于提升产量,忽略了污染物处理的需求。

部分企业还会封锁排污信息,以免向社会或政府披露后影响其市场信誉与利润来源。这样的做法直接造成公众难以获得真实的排污数据,也就无从判断环境污染的严重程度,在此情境下,居民维权与行政监管都将受到不利影响。执法机关若想获取污染证据,需要动用专业仪器和技术手段进行取样和检测,这在无形中增加了行政成本,也给生态环境治理带来压力。环保产业在农村没有形成规模化体系,加剧了现存问题。城镇地区的环保产业已逐步升级为新兴行业,涵盖清洁能源、节能技术、垃圾再利用及安全处置等多个领域,但农村地区往往缺乏支撑此类产业的资金与市场需求。环保产业在农村缺位,导致政府成为唯一的治理主体,政府虽具备一定资源与手段,但无法完全替代市场与社会力量的作用,环境协同治理因而陷入推进乏力的窘况。只有在社会组织真正壮大并建立良好运营机制、环保意识深入企业内部并转化为切实行动、环保产业扎根农村且逐步形成良性循环时,农村生态环境的协同治理才能跳出目前的困境,实现广泛且持久的改善。

## 四、社会公众层面的制约因素

### (一) 村民委员会治理作用有待充分发挥

村民委员会基于宪法设立,理应在农村生态环境协同治理中扮演坚实支点角色,但现实中其作用并不显著。村民委员会在履行自治职责时,经常面临难以克服的瓶颈,首要阻力来自农村人口结构的变化:大批青壮年劳动力外出工作或定居城市,村庄出现"空心化"趋势,使得留守的老年人与儿童在应对污染时力不从心。村民委员会应率先组织村民清理垃圾或制止污染企业,但缺乏充足的人力支撑,实际行动常常滞后或缺位。村庄经济实力薄弱也制约了村民委员会对环境问题的积极干预,尤其是在我国中西部地区,村务经费主要依赖上级拨付,财政来源有限,一旦垃圾围村或河流受污染,就需投入相对高昂的处理成本,而村民委员会财力不足以覆盖此类开支。所以,村民委员会面对日益复杂的农村生态环境问题显得束手无策,很难调动必要的资源来推进系统性的治理举措,进而导致村庄生态被破坏。

村民委员会的角色被弱化后,民众参与农村生态环境治理的意愿和能力也随之受到影响。村民原本应当基于对生活环境的直接关切而形成相对积极的环保态度,然而现实中这一积极性并未广泛显现。农民在耕作过程中感受到化肥、农药所带来的经济红利,对农业面临污染的后果缺乏清晰认知,部分地区土壤和水质被过量施肥或喷洒农药破坏,可村民往往并不知道其中的关联性,也就谈不上主动控制化肥或农药的使用量。即使有些村民察觉到环境恶化可能威胁身体健康,依然难以在短期内改变传统的种植模式,毕竟大部分农村家庭更关心目前的经济收益,愿意为生态环境保护付出的成本与精力有限。加之缺少成熟的环保类社会组织或民间互助团体来引导和组织村民展开应对,村民发起有效的行动常常有心无力。环保志愿者想要宣传环保知识,往往也只能在村里做有限的宣讲，并不具备长久的资源与后续支持。

## （二）公众参与协同治理积极性不足

公众参与协同治理不足的另一个重要原因是社会环境影响和公众意识相对薄弱。民众在城市生活与工作时能更多地接触专业知识和环保理念，但农村的各项基础设施和传播渠道尚不完善，不少农户只在意日常务农所得，不关注环境污染对长远生计的危害。村民委员会由于财力和人力不足，也难以提供系统化的环保培训或宣传，宣传工作的覆盖面和深度受限。一些村庄组织成立环保小组或义工队，通常规模有限，无法开展大范围的环境监测或污染维权，缺乏相应技术手段和人力资源来与排污企业交涉或向有关部门呈报证据。缺失外部力量的联动，民众就只能凭借个人力量与潜在污染源周旋，这样难以形成有效的合力。

村民委员会若想在农村生态环境协同治理中扮演更为关键的角色，就必须努力激活各方潜能：村民委员会应积极协调年轻劳动力与社会力量参与到环境监测、垃圾分类、清理河道等具体工作中，通过组织培训提升村民对面源污染和垃圾分类的认识，同时需创造条件与政府和社会组织合作，获得资金、技术与管理支持，力争在村内推行环境友好型种植与养殖模式，倡导适度使用化肥和农药，并以试点形式引导村民见证环境改善带来的长远收益。① 只有当村民委员会实现功能优化并与村民意愿形成积极互动时，民众对于环境治理的动力才能被真正挖掘出来，农村生态环境保护才会顺利进行。村民的积极参与不仅意味着配合清理或巡查，也包括对环保政策的理解与自觉执行，更意味着主动担负起保护家园的责任。村民委员会与村民若能凝聚共识，才能集中各种力量，更好地推动农村生态环境治理向纵深发展。

---

① 胡文婧.公众参与视域下我国农村生态环境治理政策研究[J].农业经济,2015(10):89-90.

## 第四节　协同治理机制层面

### 一、激励监督机制有效性有待提升

#### （一）激励机制有待完善

激励体系在公共服务管理范畴内具有唤醒主体积极性的功能。只有让参与农村生态环境保护的各方拥有充足动力，才能带动更全面、更深入的生态环境改善。当前的农村生态环境维护实践激励方式存在一些不足。第一，激励手段不对称的问题依然显著。在现实操作里，鼓励手段更多集中于精神层面，物质补助较为匮乏，这可能源于经费不足或长期以来的习惯做法，单纯依靠精神奖励难以全面调动治理热情。第二，激励方式缺乏制度化保障。有的地区缺少成体系的规章来规范和约束发放或评估标准，容易出现不公平的隐患。第三，群体激励大于个体激励的现象普遍存在。相对于团队层面的表彰与激励，个人层面获得的关注明显不足，积极做出贡献的个人得不到应有的肯定。各类因素不断叠加后，最终导致原本应发挥关键作用的激励机制难以取得理想成效。要想提高生态环境保护参与者的积极性，就要从资金匹配、规则完善和主体分类等多方面着手，通过逐步完善奖励策略和健全配套机制，让每一位投入基层环保工作的人都感受到努力的价值与回报。

#### （二）监督约束机制需优化

监督在农村生态环境管理的过程中扮演着"防护栏"的角色。只有对各类主体进行必要的监督与约束，才能确保治理目标得以持续推进。现实中对政府部门的监督常常无法深入或系统落实，这样的局面往往造成农村生态环境治理成效不佳,甚至可能导致公共利益被忽视。政府如果缺少外部的积极反馈与纠偏压力,内部决策在执行层面就可能陷入形式主义或注重短期政绩的困境。要想扭转这一状况,需要完善多元化的监督体系,让官方监督与民间监督共同发力。立法机构应加强对环保专项预算与项目执行的跟踪,舆论媒体应深入报道农村环保过程中的问题与亮点,公众和各类社会组织也应充分利用信息公开等渠道实现有效监督。政府在环境治理中对每个环节都严格约束,才能进一步督促公共部门承担责任、改进工作思路,使生态保护目标落到实处,并切实提高村民的生活品质。

## (三)绩效评估机制合理性不足

绩效评估一直是行政管理的重要环节,多中心治理同样离不开对成效的客观衡量。当前对农村生态环境保护工作的绩效评估还存在若干问题。第一,评估制度不够健全。一些地方并未建立完备的评估框架,内部和外部评估机制虽有尝试,但是流于形式,难以对实质效果产生深刻影响。第二,评估指标设计缺少科学整合。评估偏重对经济产出的关注,而对农村生态环境指标的设置不够全面或缺乏可操作性,即便各地加大环境保护力度,依旧可能产生"重经济、轻生态"的思维惯性,导致相关数据无法全面反映真实的生态环境保护成效。第三,评估主体相对单一,流程也常常处于封闭状态。法律虽然提到公众参与,但在实际操作中,广大村民很难获得充分机会来表达对环境改善的真实体验和建议。这使评估过程易被局限于自我检视,缺乏外部视角与群众意见的有力制衡,难以满足公平客观的要求。第四,评估手段大多偏向应急式或突击式检查,缺乏连续跟踪和综合分析,导致真实的生态环境保护实效难以得到准确呈现。[①]要想扭转这种局面,就要在评估制度的顶层设计上进行

---

① 郝丽霞.乡村振兴背景下乡村治理路径选择:以渭南市为例[J].知识经济,2019(24):6-7.

完善，配合更全面、可量化的指标体系，并让村民和第三方机构深度参与。政府部门只有打破自我评价的局限，不断拓展信息公开的广度和深度，才能让绩效评估成为推动农村生态环境治理不断改进的动力源。在将科学性与透明度注入评估机制的同时，也应当建立责任追溯机制，让绩效表现直接影响相关单位与人员，以此形成更强的正向激励与约束效果，从而助推农村生态环境协同治理迈向更高水平。

## 二、竞争机制有效性有待提升

竞争理念在众多资源配置领域被视为行之有效的思路，也为农村生态的治理方式提供了借鉴路径。许多国家在推进现代化治理体系建设时，都会充分利用市场来提高公共管理绩效。我国自逐步确立市场竞争规则以来，经济领域焕发出前所未有的活力，极大地助推了经济高速增长。公共服务范畴的竞争机制尚未全面落地，尤其在农村生态环境治理中，难以显著发挥效用。政府虽然尝试了购买服务等方式来引入市场力量，但总体而言并未形成持久而有效的竞争态势。其根源主要体现为以下几个方面。首先，地方保护主义阻碍了跨区域的合作实践。由于各地区希望优先满足自身利益，跨区域的环境协作常常步履维艰。政府部门在缺乏竞争压力的情形下往往缺少积极改革的动力，随意提供服务的情况就更加容易出现。农村生态环境治理原本就需要跨区域通力配合，但地方政府在利益冲突之下往往无法真正确立面向竞争的合作框架。其次，治理主体地位的不平等致使竞争形同虚设。农村生态环境治理涉及政府、企业、社会组织以及农民个体，各方能力与资源的不对称，决定了市场化竞争难以在同一层面展开。政府由于拥有政策、经费与行政权力的明显优势，常常主宰治理进程，其他主体缺少与其抗衡的空间，自然难以建立健康充分的竞争关系。最后，市场机制仍待进一步完善。我国的市场经济基础制度尚不够健全，诸多配套措施，如法律法规、监管体系与信用建设等，尚不够成熟，导致公共服务领域中建立竞争规则时缺乏稳定的基础。农村生态环境保护涉及资金投入、监管执行、技术方案等诸多环节,若缺少健全的市场化运行环境,竞争机制很难真正落实到每个治理细节。

### 三、利益协调机制有效性不足

协同治理往往要求各参与者能够顺畅沟通、明晰诉求,进而为共同目标投入资源。农村生态环境管理也不例外,若要让多元主体有效互动,就必须先回答"为何要齐心协作"这一根本性问题。各主体都有各自的诉求与利益考量,如不具备行之有效的协调机制,便难以形成共识。利益目标往往能将复杂的动机用更直观的方式呈现:政府关心公共服务质量和社会稳定,企业期待在承担社会责任之余争取更大回报,社会组织注重公益使命与社会影响力,公众则期望在日常生活中获得更洁净宜居的环境。虽然各方立场不尽相同,但若能通过合理的机制,让所有人达成目标契合,协同治理就有了真正的可能性。

现实情况却往往差强人意。政府虽然以公共利益为基本责任,但政府内部部门繁多,利益诉求与考核压力各不相同,导致某些时候环境诉求让位于经济收益或其他政绩指标。企业受制于利润最大化的需求,可能在高额利润面前忽视排污或破坏生态带来的不良后果。社会组织有时缺乏充足的资源或独立性,若遭遇来自官方或企业方面的压力,也可能受到局限。普通村民在家庭收入与环境利益相冲突时,可能更偏向于选择直接收益。在缺少完善的利益调整途径或反馈系统时,这些分歧就会在农村生态环境治理过程中不断累积,最终使得集体行动意愿被消磨。

尤其在农村生态环境保护领域,若不能建立一套足以让各方意志充分表达、让各方关切得到合理回应的利益协调机制,就难以让协同治理向纵深发展。政府可以尝试采取公开听证、专项协商或利益补偿等措施,将企业及民众的合理需求纳入议程;企业则能在公益回馈中获得社会口碑,若配合明确的制度化鼓励,也会更愿意进行生态修复与生态维护;

社会组织也可发挥沟通平台或第三方调解作用，努力为弱势群体或分散个体提供意见汇集与表达机会；村民若看到切实利益与长远利益能够兼得，可能更主动地承担生态环境保护责任，通过自愿行动或监督举报让各方都能意识到环保违规的代价。只有这样，通过多层次的协调程序与利益调适机制，让每个参与者体会到满足自身利益并不一定与生态环境利益相悖，从而真正把协同治理的理念落到行动上。当前一些农村地区生态环境保护事务处于低水平发展阶段，在很大程度上正是因为缺乏一条行之有效的利益整合路径，各主体目标似乎无法达成对接，彼此对话机制与相应的激励约束手段皆不健全。将利益调解纳入制度化轨道，打造人人都能畅所欲言的协商平台，辅之以法律与政策的系统支撑，才有望在"共赢"或"多赢"格局下推动农村生态环境质量的整体提升。

# 第六章　农村生态环境多元共治主体协同治理的驱动因素

# 第一节 环境政策的根本保障

梳理近年的生态环境政策可知,一些政策中有对协同治理主体和协同治理资金的规定。

## 一、在协同治理层面的规定

《国务院关于国家环境保护"十五"计划的批复》(2001)在指导方针中提出,应当构筑"政府主导、市场推进、公众参与"的环保机制,旨在将多个主体的力量汇聚起来。《关于加强农村环境保护工作的意见》(2007)进一步强调"政府主导、公众参与",强调政府必须履行好农村环境保护的责任,并同时重视对农民环境权益的维护与教育。这一思路在《重点流域水污染防治规划(2016—2020年)》(2017)中得以延伸,各排污主体必须承担自身的治污职责,地方人民政府为核心责任单位,需将党政领导负责制落到实处,并配合信息公开与合理激励,推动全民参与水污染防治。党的十九大报告则更全面地指出,需要搭建"政府为主导、企业为主体、社会组织和公众共同参与的环境治理体系",带动各方协同努力。《关于加快推进长江经济带农业面源污染治理的指导意见》(2018)强调以政府引导为主、多方力量并进。政府要负责统筹规划、组织动员与政策引导,并结合经济、法律及必要行政方式来推动长江生态环境的维护,同时引导社会各界共同建设美丽乡村。《国家发展改革委 生态环境部关于进一步加强塑料污染治理的意见》(2020),在塑料污染领域进行环境治理也要让政府、企业、社会多方面共同参与,努力构建多元化共治格局。《关于构建现代环境治理体系的指导意见》(2020)设定了到2025年的主要目标:需形成一套完备的领导责任、企业责任与全民行动等多个体系,为参与治理的各类主体提供激励和约束,让决策更科学、监督更有力,确保多元主体之间的良性互动能切实推动生态环境管理的不断提升。

## 二、在协同治理资金投入层面的规定

《国务院关于国家环境保护"十五"计划的批复》(2001)指出:"积极推进污染治理的企业化、产业化、市场化。结合扩大内需多渠道筹集资金,鼓励和支持各类社会资金投向环境保护,加大城市污水处理费、垃圾处理费征收力度,使污染治理设施运行达到保本微利的水平,形成政府、企业、社会多元化投入和政府主导、市场推进、公众参与的环境保护机制。"

《国务院关于落实科学发展观加强环境保护的决定》(2005)指出:"建立政府、企业、社会多元化投入机制和部分污染治理设施市场化运营机制,完善环保制度,健全统一、协调、高效的环境监管体制。""要引导社会资金参与城乡环境保护基础设施和有关工作的投入,完善政府、企业、社会多元化环保投融资机制。"

《关于加强农村环境保护工作的意见》(2007)指出:"积极创新农村环境管理政策,优化整合各类资金,建立政府、企业、社会多元化投入机制。""逐步建立政府、企业、社会多元化投入机制……加强投入资金的制度安排,研究制定乡镇和村庄两级投入制度。引导和鼓励社会资金参与农村环境保护。"《国务院办公厅关于推行环境污染第三方治理的意见》(2014)指出:"积极探索以市场化的基金运作等方式引导社会资本投入,健全多元化投入机制。"

## 第二节 核心主体的协同助推

根据协同治理领域的相关理论,实践中多元主体的力量对比并不相同,除却相互合作和沟通,也会产生对立和矛盾,因此需要强调某个主体在整体中发挥带头作用,以便整合其他参与方的力量,共同构建治理秩序并凝聚强大的合力。农村生态环境的协同治理要求政府充当核心角色,通过政府的引领来整合市场与社会等多方参与者,逐渐推动整体治理成效的提升。

### 一、压力

压力通常是驱动地方政府投身农村生态环境保护协同治理的重要外部动力。政府在外部压力的作用下会产生"不得不采取行动"的紧迫感,继而更加积极地与不同主体展开合作。外部压力可分为下列几类。

#### (一)打造服务型政府必要性的压力

建设服务型政府已成为各级政府改革的主要方向,这种转变强调政府在公共事务中要追求高效率与高绩效。服务型政府注重在交易过程中降低成本,力求避免第三方付费主体的过度干预,保证政府行为的专业性与规范性。农村生态环境问题往往跨地域、跨部门,需要多元协同方可解决,单一政府难以独自面对复杂的生态难题。地方政府若想打造契合新时代要求的服务型形象,就需要通过与其他利益相关方的紧密合作来解决农村污染与生态破坏的问题。服务型政府思路引导地方管理者在基层治理中运用更多的市场化手段或社会化机制,因而为整合多方力量提供了重要动力。

## （二）外部公众舆论的压力

社会舆论与民众监督在农村生态环境保护中正逐渐形成合力。随着网络平台的广泛应用，公众能够更便捷地交换看法，表达对生态环境状况的不满，并通过微信、微博等渠道让问题受到广泛关注。全国人大代表及政协委员在各级会议中频繁提出与农村生态环境相关的议题，要求政府对污染治理做出更全面的答复。媒体的舆论监督既发挥环保知识科普的作用，也在调查报道中揭示各类隐蔽的生态威胁。众多舆论渠道的交织，使政府在面对各方意见时难以再维持传统的封闭模式，而会积极拿出相应策略，推动政府与市场、社会组织等主体在农村环保层面进行更深入的合作。越大的舆论压力就越强化了政府应当主动与各方互通有无、形成协作机制的需求。

## （三）传统农村生态环境管理体制的压力

中华人民共和国成立初期，农村地区的自然环境尚处于相对较好的状态，但随着工业化与农业现代化加速推进，农村生态环境问题日益严峻。政府独力承担管理职责的做法虽曾在一定程度上减缓污染扩散，但在生态环境形势持续恶化的背景下，政府职能已开始力不从心。其一，政府在末端治理方面消耗了大量资源，却很难从源头上控制农村生态环境破坏的持续蔓延。单一主体的集中式管理忽略了产业链条、生活方式等更深层次的因素，导致生态环境恶化难以得到根本性扭转。其二，政府决策流程通常缺乏开放性，不同利益方之间的信息交流不畅。信息不对称现象造成一些环境问题的处置被延后甚至被掩盖。地方官员的政绩考核机制常常偏重经济层面的指标，如果在经济收益与环境保护之间发生冲突，地方官员可能基于考核压力选择更高的经济增长数值而牺牲生态环境质量。农村生态环境因此无法得到及时而彻底改观。①

---

① 郑石明，吴桃龙. 中国环境风险治理转型：动力机制与推进策略 [J]. 中国地质大学学报（社会科学版），2019，19（1）：11-21.

面对上述挑战，政府在高度集权的传统管理模式中逐渐认识到必须吸纳更多主体参与，才能从根本上扭转生态环境恶化态势。跨部门、跨领域的协同需要一个主导者来协调整体节奏，而地方政府在行政资源与制度设计方面具有明显优势，可以牵头整合市场力量与社会组织的专业能力，并凝聚基层民众对农村生态环境的关注度，最终通过协作让农村生态环境真正得到改善。

## 二、引力

引力机制是农村生态环境协同治理的内生动力，基于此角度分析，促进农村生态环境协同治理实践有效开展的引力主要体现如下。

### （一）政治激励

政治激励作为农村生态环境协同治理的主导力量，发挥着重要的作用。政治激励本质上是指下级政府执行者通过完成上级政府政策要求，从而获得晋升等政治利益的机制。在这种机制下，基层政府官员作为科层制中的一部分，其行为不单单是为了履行行政职责，还带有显著的政治动机。基层政府官员希望通过优异的工作成绩改善自己的政治前景，这使得政治激励成为推动他们投入生态环境治理的重要动力。更具体来说，基层政府官员会根据上级政府释放的激励信号来调整治理策略，追求通过有效治理获得个人政治利益。农村生态环境治理的复杂性与外部性，加上农民参与意愿的不确定性，意味着这种治理行为常常不能完全依赖市场机制或者自发的社会力量，而需要政府的高度重视和深度介入。政治激励的程度直接影响到农村生态环境治理的成效。

若有关部门未能对农村生态环境问题给予足够的关注，或者在政策上缺乏强烈的激励信号，基层政府就很容易在这种缺乏明确激励的环境中放任农村生态环境治理停滞不前。在这种情境下，生态环境治理往往会被边缘化，无法得到有效推进。换句话说，当政治激励不足时，政府无法有效调动资源进行治理,生态环境问题便会进一步恶化。反之,如果政府通过政策设立了明确的激励目标,并且能够将这些目标与地方政府官员的晋升机制紧密挂钩,那么基层政府就会更积极地响应治理要求,从而提高治理成效。实践中,地方政府官员晋升与生态环境治理的绩效密切相关。尤其是在生态功能区域,生态环境的改善对地方政府官员的晋升具有明显的正向激励效应。[①]这种机制促使地方政府更注重生态环境治理,并通过不断改善生态环境质量来获得政治收益,从而推动农村生态环境治理的进步。通过这种方式,越来越多的基层政府官员会将改善生态环境作为政绩考核的重要内容,并采取符合上级政府要求的行动策略。

### (二)政府的优势

政府在农村生态环境治理中最先借助强大的权威优势奠定主体地位,政府这种权威不仅来自宪法及其他法律的授权,也源自民众的广泛认可。当法律赋予政府强制力时,政府就能以更高的命令性确保相关对象遵从;政府在获得民众认同后,权威性又会成倍提升,从而有效促进各项治理措施的推行。政府依托这种权威性,并与组织动员能力紧密结合。政府作为掌握公共权力的组织主体,能够通过系统完备的科层结构迅速动员不同层级的人员投入农村生态环境的治理工作中。政府利用其在结构和资源方面的统筹能力,就可以让各职能部门协同配合,实现对生态环境问题的精准识别和快速应对。政府领导往往熟稔动员策略,能根据农村生态环境实际需求整合各类资源,以便在短时间内落实监测、监管与修复等具体行动。

政府在制定农村生态环境治理相关政策时,会根据当地现状和问题

---

① 吕凯波.生态文明建设能够带来官员晋升吗?——来自国家重点生态功能区的证据[J].上海财经大学学报,2014,16(2):67-74.

## 第六章 农村生态环境多元共治主体协同治理的驱动因素

特点进行差异化安排。这一政策优势让政府能够灵活应对各类环境挑战。政府通过实施严守耕地红线、规范畜禽养殖、加强水源保护等多种政策，为农村地区提供了方向明确的行动指南，这些指令往往借助具体的法规条文予以支撑，使基层单位在执行时拥有充足的法律依据。政府在全面考量生态环境需求的前提下，会不断调整和完善现有政策，以适应不同时期、不同地区的生态环境治理要求，政府的政策灵活性由此成为保障农村生态环境治理持续推进的重要动力。政府在推出这些政策的过程中，并非一味依靠自上而下的安排，也会倾听各地区民众和基层干部的反馈，让政策更符合当地特点，避免"一刀切"。

政府在履行公共服务职能方面，同样承担着对农村生态环境进行改善和保护的重要责任。政府通过建设污水处理设施、铺设垃圾收集网络、推进生态修复项目等实际措施，为农民和农村社区提供更加清洁、安全的生存环境。这些具体服务彰显了现代政府在公共服务领域的投入与作为。政府往往将公共服务的重点放在与民生关联度最高的领域，如饮用水源保护、农业面源污染防治、生活垃圾分类回收以及畜禽粪污处理等多个环节。政府的一系列服务举措可以大幅度提升农村地区的环境品质，也能够用较低的社会成本换取更高的生态效益。政府在此过程中不断加大信息公开力度，让农村居民充分了解生态环境治理的必要性和相关成果，从而促进农民自身的环境保护意识觉醒。

政府还拥有多维度的资源优势，包括人力资源、物质资源以及财力支撑，这些要素交织在一起，成为保障农村生态环境治理顺利进行的基石。政府可以通过拨付专项资金资助农村地区的环保项目，也可以集中调配专家团队、技术设备等专业力量，帮助地方政府和基层组织解决环境治理的技术难题。当环境治理涉及的领域变得更加广泛时，政府所拥有的人、财、物等综合资源便能在最短时间内形成强大的合力。政府在充分运用这些资源时，一方面能够深化对污染源的监测和管理，另一方面又能通过对治理资金、人员的合理安排影响其他主体的行为选择，让企业、村民和社会组织依照既定的政策导向参与生态环境改善。政府在执行过程中不断强化监管职能，对分配资源做好跟踪评估，以防止浪费，确保资源都能落到实处、发挥效用。

政府集成这些权威、组织、政策、服务和资源等方面的优势，可以更好地统筹农村生态环境治理的多元主体，让不同层级和行业的组织积极投入治理行动中。政府在这一协同治理过程中扮演的是"统筹者"和"引导者"的角色：政府通过强制力和制度设计明确各方的职责与义务后，又会通过提供技术和资金支持让各主体共同参与，政府在履行公共职能的同时也能维护社会公平。政府唯有在法律保障与民众认可的基础上才能真正彰显这种主导地位。政府只有令民众满意，才能在治理实践中具有执行力和公信力。政府同样要注意适当放权，给社会组织、企业以及村民预留施展空间，只有在维护公共利益与激发社会活力之间取得平衡，才能最终形成多方力量持续协同的治理格局。①

## 三、推力

与压力不同，推力是一种外部的、顺向推动地方政府参与协作的力量，旨在通过外部因素的引导和激励，促使政府更加积极地投入生态环境治理工作。推力的来源主要有三个方面：政府政策指导的纵向推力、非政府组织和企业等外部推力，以及经验学习启发的横向推力。

### （一）政府政策指导的纵向推力

政府政策指导的纵向推力可以分为强制性推力和引导性推力两个层面。

---

① 王东，王木森.多元协同与多维吸纳：社区治理动力生成及其机制构建[J].青海社会科学，2019（3）：126-131，141.

强制性推力来自中央政府与地方政府之间的权威关系。中央政府通过发布政策、颁布法规、施加政策压力，要求地方政府严格执行相关规定。在这种情况下，地方政府不得不服从并积极回应，确保政策的落实和执行。在生态环境治理领域，中央政府通常通过强制性的手段来督促地方政府，要求各级地方政府把生态环境治理作为重要的政治任务，以确保环保政策的贯彻实施。①

中央政府的引导性推力通过政策的指引来影响地方政府的治理方向。随着国家治理体系和治理能力现代化的推进，中央政府在政策层面的引导越来越明显。地方政府不仅需要根据中央政府的要求制定政策，还要根据国家发展的总体战略进行灵活调整。为了推动地方政府治理能力的提升，中央政府逐步完善了与治理现代化相适应的考核和激励机制。这些激励机制促使地方政府注重治理创新和多元主体协作，以更好地完成国家赋予的任务。通过引导性推力，地方政府的治理责任意识得到了加强，协同治理的需求不断增加，最终提升了治理的有效性和行政权力的合法性。②

### （二）非政府组织和企业等外部推力

改革开放以来，随着市场经济的不断发展，企业、非政府组织以及其他公益力量逐渐成为地方治理中不可忽视的重要力量。这些主体在推动农村生态环境协同治理方面发挥了积极作用。由于政府治理能力的有限性和农村生态环境问题的复杂性，越来越多的企业和非政府组织加入生态环境治理的行列，通过投入社会资本、技术创新、环保项目等方式，

---

① 周欣.法治政府监管能力[J].法制与社会，2017（26）：115-116.
② 胡宁生，戴祥玉.地方政府治理创新自我推进机制：动力、挑战与重塑[J].中国行政管理，2016（2）：27-32.

在农村生态环境治理中起到了补充和推动作用。①

### (三) 经验学习启发的横向推力

横向推力则来自国内外的经验学习与借鉴。国外一些典型的农村生态环境治理案例，如韩国的"新村运动"、荷兰的环保合作社，都为我国的农村生态环境治理提供了宝贵的经验。这些成功的治理模式通过实践验证了协同治理的重要性和有效性，为地方政府提供了实践借鉴。通过学习这些国外经验，地方政府能够更好地理解和应对农村生态环境治理中的复杂问题，推动地方治理模式的创新与升级。国内的一些地方也形成了自己的治理经验。举例来说，浙江省金华市通过协同治理模式在农村生活垃圾管理方面取得了显著成效，湖南省浏阳市金塘村通过村民环保自治探索走出了一条具有地方特色的生态环境治理道路。这些地区的成功经验为其他地区提供了可行的参考和启发。

## 第三节 其他主体的认同及参与

### 一、农民的心理认同

农民的认同感是农村生态环境协同治理得以有效开展的基础。表面上，农民在农村生态环境治理中似乎是主要的受力方，他们自身所蕴含的能动性和反制性却不可忽视，正是这些特质决定了农民在治理中的关键角色。要推动农村生态环境治理的顺利开展，先要获得农民的认同，

---

① 张雪.跨行政区生态治理中地方政府合作动力机制探析[J].山东社会科学，2016(8)：165–169.

使他们对生态环境治理产生积极参与的动力和自觉行动。

(一)从历史层面看,农民间的互助合作古已有之

在农村社会内部,由地缘、血缘和业缘等关系纽带形成的熟人社会,提供了一个天然的互助合作空间。通过这些纽带,农民在长期的生产和生活过程中培养出了合作行为,虽然这种合作行为在日常生活中较为普遍,但因为其过于日常化和习惯化,往往没有得到足够的关注。事实上,农村社会的这种合作模式源远流长,成为农民在共同应对困难时的一种重要社会资源。

即使进入现代社会,传统的道德规范和习俗在一些农村地区依然具有影响力。传统的规制作用并没有完全消失,而是在潜移默化中继续影响着农民的行为。历史上的合作传统为现代的生态环境治理提供了文化和心理上的支持,使得协同治理的思想能够在一定程度上根植于农民的心中。

在这种背景下,农民的情感性互惠成为他们参与低层次生态环境协同治理的重要保障。在农村社会中,长期以来农民通过共同的生活经历与生产合作,建立了紧密的社交网络和人际关系。通过这种网络,农民形成了稳定的互助合作模式,往往通过"人情"来维系关系。这种情感性互惠的机制,不仅在日常生活中保持着强大的凝聚力,也在农村生态环境治理的低层次合作中发挥了重要作用。在一些乡村,"门前三包"等简单的环境治理措施能够得到有效执行,正是因为这种情感性互惠机制的作用,使得农民自觉地参与其中,推动了治理措施的实施。

## （二）从现实层面看，农民对农村生态环境协同治理认同感较高

笔者调查了农民对农村生态环境保护工作的认知情况，如图6-1所示。

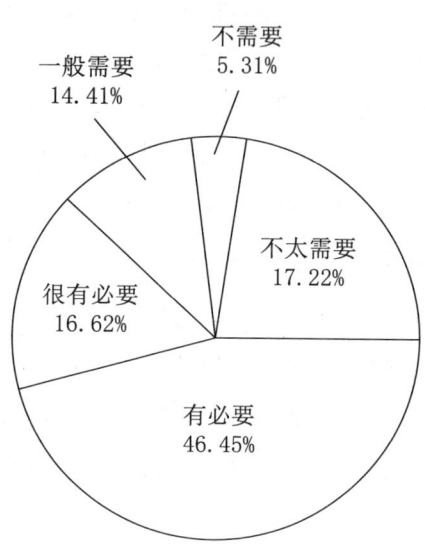

图6-1　开展农村生态环境保护工作有没有必要的调查情况

当被问到"您认为在您居住村庄开展农村生态环境保护工作有没有必要"时，认为"很有必要"的166人，占比16.62%；认为"有必要"的464人，占比46.45%；认为"一般需要"的144人，占比14.41%；认为"不太需要"的172人，占比17.22%；认为"不需要"的53人，占比5.31%。结果表明，超过60%的农民对农村生态环境保护非常关注，并希望农村生态环境能得以改善。

农村污染问题由谁来解决状况调查,如图 6-2 所示。

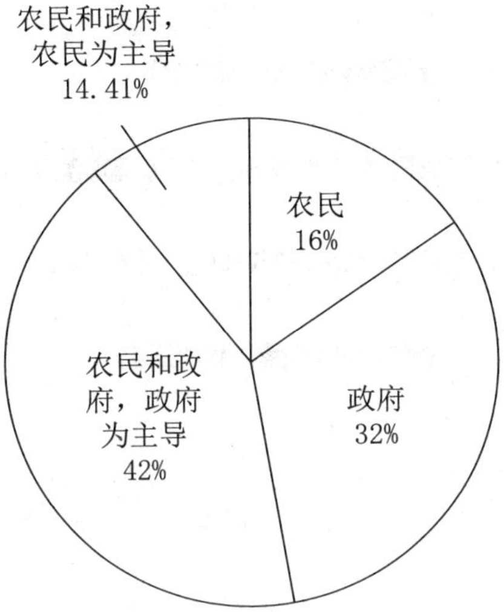

**图 6-2 农村污染问题由谁来解决状况调查**

当被问到"您认为在您居住村庄的农村污染问题应该由谁来解决"时,认为由"农民"解决的 237 人,占比 16%;认为由"政府"解决的 469 人,占比 32%;认为"农民和政府,政府为主导"的 618 人,占比 42%;认为"农民和政府,农民为主导"的 141 人,占比 14.41%。结果表明,认同农村污染问题解决的主体应是多元的占比超过 50%。

当被问到"您从哪里了解到相关农村生态环境保护措施和政策(多选题)"时,选"乡(镇)政府的宣传"的 618 人,选"村委会干部的宣传"的 959 人,选"电视、广播、报纸的宣传"的 879 人,选"通过电脑、手机了解"的 566 人,选"其他人告知"的 88 人,如图 6-3 所示。结果表明,超过三分之一的农民主动关注农村生态环境保护措施和政策,说明农民有积极参与生态环境保护的意愿。

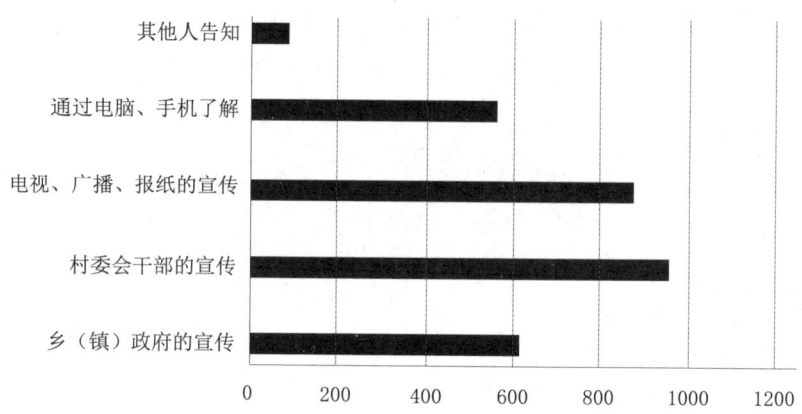

图6-3 了解有关农村生态环境保护措施和政策的方式

## 二、社会力量的积极参与

社会力量在农村生态环境协同治理中扮演了至关重要的角色，成为推动治理进程的重要助力。所谓社会力量，指的是那些不直接隶属于国家体制的，能够参与、支持或推动社会发展的各类行动主体，包括企业、社会团体、非政府组织以及志愿者等。近年来，随着我国社会治理理念的创新和发展，社会力量协同参与的作用逐渐得到了广泛的社会认可和重视。各级政府越来越重视对社会力量的培育与扶持，而广大民众对于社会力量参与的需求也有所增加。这一变化为农村生态环境治理领域的社会力量参与创造了良好的文化和社会氛围，为协同治理的开展奠定了基础。

自改革开放以来，随着我国社会组织的逐步发展，社会力量的作用逐渐凸显。我国的社会组织从无到有，经历了一个从盲目到自觉的过程，并且取得了显著的进展。《2020年民政事业发展统计公报》数据显示，到2020年年底，全国社会组织的数量已达到89.4万个，同比增长了3.2%。尽管社会组织的数量增长显著，但从总量和质量上看，依然存在一定的上升空间。在全球范围内，发达国家的社会组织数量通常较多，每万人拥有社会组织的数量超过50个，而发展中国家则为10个。我国每万人拥有的社会组织数量仅为4.8个，显示出我国社会组织发展仍有较大的提升空间。尤其是在环保领域，我国的环保社会组织起步较晚，尽管生态环境类社会团体和民办非企业单位的数量不断增加，但总量仍然较小，且大多集中在大城市和经济发达的地区，无法在农村地区广泛开展。尽管如此，民间环保组织在保护农村生态环境、增强公众环保意识、宣传生态文明方面，已经发挥了重要作用。

### （一）中华环境保护基金会

中华环境保护基金会（简称"中华环保基金会"）作为一个典型的环保非政府组织，长期以来积极参与农村生态环境的改善与保护工作。中华环保基金会成立于1993年4月，宗旨是围绕生态文明建设，开展环境污染防治、生态环境改善、绿色发展等领域的公益活动。自成立以来，该基金会在生态文明建设方面取得了显著成绩，不仅多次获得国家及国际机构的认可，还成功策划和实施了多个涉及农村生态环境治理的项目，为我国农村生态环境治理提供了有力的支持。该基金会的代表性项目包括"共筑生态长城"项目、"格平绿色行动"项目、"丰田绿色乡村"项目以及"故乡的河清洁行动"项目，这些项目通过不同方式帮助农村改善生态环境、提升环境质量，推动形成绿色、可持续发展的理念。

参与农村生态环境治理的活动包括以下几个。

1. "共筑生态长城"项目

"共筑生态长城"项目是中华环保基金会为改善我国中西部地区的生态环境而发起的一项环保慈善项目。项目的主要目标是保护生态脆弱地区的环境，推动生态农业经济的发展，恢复植被并建立绿色生态屏障，以对抗荒漠化、水土流失以及生物多样性减少等环境问题。通过动员社会各界力量，该项目推动了绿色发展理念的传播，倡导全社会共同关注并参与生态环境保护,尤其是通过联合地方政府、环保组织、企业以及农民等多方力量,形成合力,为农村地区的生态恢复和可持续发展提供了宝贵的支持。

2."格平绿色行动"项目

"格平绿色行动"项目是中华环保基金会与环境科学专家曲格平先生联合发起的一项面向中国农村贫困地区的环保公益项目。该项目主要以扶贫、生态改善、助学为核心内容,旨在帮助农村地区的贫困农民通过生态恢复型经济作物种植、农村环保设施建设等方式,改善当地的生态环境与民生状况。该项目的实施不仅关注贫困农民的生活改善,还强调环保与可持续发展的结合,推动贫困地区从经济、环境到社会等多方面综合发展。

3."丰田绿色乡村"项目

"丰田绿色乡村"项目主要包括在河北省承德市丰宁满族自治县小坝子乡槽碾沟村帽山已植杨树林区带实施人工立体复层混交造林项目,种植了山莓、沙地柏、山樱桃、山桃、沙棘等树种,同时在此区域开展了"丰田绿色乡村"2018年立体复层混交造林项目植物群落多样性测量并提交了阶段性结果分析报告,为今后更好地维护和提高林地生产力,巩固防沙治沙成果提供了有力的依据和经验。

4."故乡的河清洁行动"项目

"故乡的河清洁行动"项目以解决农村生活污水直排为目标,通过建设人工湿地污水综合处理系统,并配套建设污水收集沟渠和管道,提高当地农村环境综合质量,助力绿色乡村建设。一方面,该项目解决了村落生活污水直排入附近河流的问题,改善了周围流域水质。另一方面,该项目的开展能够提升农村人居环境质量,帮助打造美丽乡村,吸引旅游资源,实现乡村的可持续发展。

## （二）自然之友

自然之友成立于1993年，至今已吸引了超过3万名会员。作为一个环保非政府组织，主要目标是推动公众参与环境领域的治理。自然之友致力通过倡导环保理念和公众参与机制，推动社会各界对环境保护的关注与行动。该组织积极反映并代表社会弱势群体的声音，致力于影响和改进环境相关的公共政策。在推动环境保护的过程中，组织通过丰富多样的环境教育活动，倡导公众增强环保意识，鼓励公众选择更加绿色、可持续的生活方式。该组织还促进环境领域非政府组织之间的交流与合作，形成合力，共同推动环境保护事业的发展。

自然之友在推动环境保护和社会责任方面做出了重要贡献。其所进行的项目涵盖了多个层面，包括政策倡导、教育培训和社区建设等，具有广泛的社会影响力。

"绿色希望行动"是自然之友与中国青少年发展基金会合作开展的一项标志性项目。自2000年启动以来，该项目便获得了德国米苏尔社会发展基金会的资助，成为国内民间公益组织中持续了12年的农村环境教育项目。该项目的核心理念是通过志愿者队伍，走进全国各地的希望小学，开展以体验式和参与式为特色的环境教育课程。这些课程不仅向学生传递环境保护的知识，还培养他们对自然的热爱和积极参与环保行动的意识。

为了让更多的学生能够受益于环境保护教育，2009年起，"绿色希望行动"项目开始在一些省市设立当地的"绿色希望中心"。这些中心作为地方的环境保护教育基地，主要承担志愿者培训任务，并组织当地志愿者参与到环境保护教育工作中。通过这些中心的建设和运行，更多的志愿者获得了系统的环保教育培训，能够在自己的社区或学校中传递环保知识。自然之友还通过专家支持的方式，推动地方学习中心的建设，进一步增强了这些中心的可持续发展能力。2009—2012年，在自然之友的支持下，7个"绿色希望中心"陆续成立，为更多的农村地区带去了环境保护知识，具体见表6-1。无论是从经验、人员构成、机构性质方面，还是从服务规模和地域范围等方面，"绿色希望中心"都各有特色，对地方的农村教育意识的提升发挥着重要的作用。

表6-1 各地"绿色希望中心"数据表（不含自然之友北京办公室）

| 绿色希望中心 | 加入时间 | 成立性质 | 学校数量(家) | 志愿者数量(人) |
| --- | --- | --- | --- | --- |
| 辽宁 | 2010年4月 | 辽宁省盘锦市黑嘴鸥保护协会 | 13 | 150 |
| 云南 | 2010年4月 | 高黎贡山国家级自然保护区隆阳分局资产科 | 4 | 63 |
| 湖北 | 2009年 | 自然之友会员组织 | 10 | 30 |
| 浙江 | 2011年5月 | 自然之友会员组织 | 6 | 30 |
| 河南 | 2009年 | 自然之友会员组织 | 13 | 10 |
| 山西 | 2011年5月 | 左权县环境保护工作协会（绿色太行） | 3 | 9 |
| 四川 | 2009年10月 | 成都根与芽环境文化交流中心 | 2 | 1 |
| 合计 | — | — | 51 | 293 |

（三）绿驼铃

绿驼铃将助力西部环境保护事业作为核心宗旨，工作范围涵盖环境宣教、志愿者培育、社区发展、灾后重建、草原保护以及水资源保护等多个层面。该机构在甘肃地区的具体实践主要集中于推动本地环境保护措施的落实，挖掘并解决地方突出的生态环境难题，同时通过开展宣传教育提升公众环保意识，也在典型区域内推动生态环境治理与社区建设的协同发展。绿驼铃还面向社会公众实施环保志愿者培训和相关能力建设项目，有效带动了当地环保组织的成长，让越来越多的人积极投身甘肃的生态环境保护与农村社区可持续发展工作中。

1. 生态农业项目

绿驼铃在黄土高原干旱区域，尤其是以会宁为代表的陇中地带，启动了世界银行"第二届中国发展市场项目"所支持的生态农业专项。该项目自2008年正式开展，主要应对当地农药化肥带来的土地污染、干旱以及贫困等实际问题，着力示范并推广耐旱抗盐碱的有机作物种植模式，帮助农民增强自我组织和商品化经营能力，让农民能够以更加主动的姿态介入市场。该项目希望通过环境保护与生活改善的结合，为当地人提供可持续发展的可行路径。虽然社区发展工作的阶段性任务已告一段落，但从项目运行期间所取得的成效来看，示范点的土壤状况、农作物品质以及农户收入都有了不同程度的提升，生态农业的理念也逐渐深入人心。

2. 暖水保护行动

暖水是黄河支流渭河的支流榜沙河的支流胭脂河的源头，虽然规模不大，但地理位置决定了其对黄河的潜在影响。自2018年以来，绿驼铃在甘肃省天水市武山县的暖水村安装了专门的宣传设施和垃圾收集容器，鼓励村民主动回收废弃农药包装，并借助多种活动方式向村民宣传保护水源、回收农药包装容器的重要意义。一年间，绿驼铃共回收了数千件农药瓶和农药袋，其中不乏几年之前的残留物。

3. 草原保护项目

绿驼铃在甘南玛曲县开展了草原生态保护工作，旨在推动"社区自然资源共管委员会"的组建与发展，带动社区深入参与生物多样性保护。

该项目挖掘民族传统文化当中的生态智慧与环保知识,并将其与现代科学理念相结合,探索以社区为基础的可持续草场与自然资源管理模式。通过这种方式,该项目致力在牧区实现生计改善与草场保护的共同目标,既让牧民在文化延续与生产活动中获得更好的收益,也在生态层面上尽力维持当地脆弱的草场环境,实现人与自然和谐共生。

### 三、企业参与意愿的激发

企业在农村生态环境治理进程中扮演了十分重要的角色。企业不仅在某些情况下可能成为排放污染物与破坏生态的主体,也能够在环保项目中成为关键的推动者。如果企业能够在追求利润增长的同时积极关注并参与生态环境保护,将为农村生态环境协同治理带来更大动力。

#### (一)企业生态环境保护责任意识与积极参与农村生态环境协同治理

若将企业环境战略区分为被动和主动两类,有些企业就为了避免额外成本而只被动地遵守政府颁布的环境法律与标准,这意味着它们只是最低限度地服从环境管制要求。一些企业具备较强的环保责任意识,能够将生态环境保护融入核心战略之中。这类企业不仅遵循政府的相关制度规范,还会自愿投入农村生态环境治理,与地方管理者、其他组织及社区居民协同解决环境难题。它们往往将环境管理理念渗透到原料采购、产品设计、生产和废弃物回收等环节,逐渐形成覆盖上下游的绿色供应链。通过与供应商强化合作、优化工艺流程、减少资源浪费,这些企业可能显著降低成本,并因其环保形象获取更强的投资与市场支持。企业在大幅度提升经济效益的同时让消费者受益于成本的下降,最终实现互惠共赢。①

---

① 周曙东."两型社会"建设中企业环境行为及其激励机理研究[D].长沙:中南大学,2011.

## (二)加强监管和企业积极参与农村生态环境协同治理工作的可能性

政府已经制定了多项农村生态环境保护及资源节约的法律法规和准则,企业必须予以遵守。但在实际执行中,部分地区仍存在执法不严或企业逃避规定的现象,需要建立严格且切实可行的监管体系,对企业的环保行为进行有效约束。执法部门和社会组织要通过定期检查、实时监测和信息公开等方式施加外部压力,促使企业更加自觉地遵守环境规范。随着监管的不断加强,企业为了规避严重后果或者社会声誉损失,也会选择更全面地遵守环保要求,并在一定程度上主动投入农村生态环境的综合治理之中。强有力的监管框架与其他强制政策工具相结合,能激发更多企业对环保项目的关注,提升它们在农村生态环境协同治理中的参与度。

## (三)公平竞争条件和企业积极参与农村生态环境协同治理

公平的市场竞争环境对于引导企业积极参与农村生态环境保护也有重要作用。地方政府在推动本地经济发展时,若只注重GDP增长而忽视生态优先原则,很可能会导致守法企业承担更多成本,而违法者反而占据先机的矛盾局面。这种不公平竞争使规范经营的企业遭受损失,也会削弱其投身环保创新的意愿。要改变这一局面,就要通过依法行政、完善监管及加强执法来保证各类市场主体能够在同一起跑线上进行公平竞争。尤其是对企业排污行为的监督需要落实一视同仁的原则,违法排污应当付出高昂代价,从而纠正"违法成本低、守法成本高"的畸形现象。如果企业在公平的规则下得到同等对待,遵守环保标准就不再是一种额外负担,而能为其塑造良好社会声誉,进而获得市场与社会的正面反馈。只有当守法经营成为行业常态,企业才会更加愿意推进环保措施,积极投身农村生态环境协同治理并通过技术升级和管理优化实现自身与社会的双赢。这样的公平竞争环境，也能使企业与其他主体建立更深的互信关系，进而推动整体的协同治理水平向更高层次发展。①

## 第四节 大数据技术赋能

### 一、大数据技术适应农村生态环境问题数据的特性

#### （一）多源性

多源性特征在农村生态环境问题数据中较为显著。农村生态环境的协同治理需要整合来自多个职能部门的综合资料，包括与生态环境、自然资源、水利、农业农村等机构相关联的数据信息。相关要素中不仅涉及土地利用、种植方式、农资投入、垃圾废水排放状况，还包含了农民收入开支、教育水平、消费习惯以及乡镇企业排污等方面的多重信息。多源性特征还要求获取宅基地、村民空间分布、河湖位置以及环境设施现状的图像或地理信息。多部门和多门类数据的交织，使农村生态环境呈现出了高度复杂的内容。大数据技术恰能适应这种多元来源的要求，通过兼容差异化的资料格式，为后续的环境监测与决策提供更完备的支撑。

#### （二）动态性

动态性在农村生态环境问题数据中同样值得关注。农业生产活动带

---

① 张丽丽，毛庆，赵婷. 生态共享与共治理念下的京津冀农村生态环境协同治理机制与对策 [J]. 农业经济，2019（12）：9-11.

来的环境污染状况会随着种植方式、投入品使用强度以及农民耕作模式的变化而波动。各地对化肥、农药、地膜的需求量往往会因不同年度的种植结构调整而产生数值起伏，畜禽废弃物的排放情况也随处理手段的改进而发生改变。在农村人居环境方面，外出务工与人口结构变动直接影响生活垃圾和污水总量。动态性意味着需要对时序数据进行持续跟踪和分析，大数据工具能够对这些频繁变动的指标进行实时或定期监测，让治理者掌握最新趋势并迅速做出针对性决策。

（三）海量性

海量性成为农村生态环境问题数据的另一显著特征。在农业生产过程中，大量农药、化肥或地膜等投入品可能会引发土壤、地表水以及大气层面的污染，这些污染指标数据不断累积而形成庞大的信息库。畜禽饲养的粪污以及秸秆燃烧所产生的排放信息也同样具有海量规模。农村日常生活垃圾和废水处置不当所带来的污染监测数据，也在持续增长。水土流失、植被破坏或过度消耗自然资源等生态破坏现象生成了各种大体量的信息。面对此类体量庞大、类别众多的环境监测资料，运用大数据技术构建相应的档案并开展数据统计和可视化分析，能够更好地识别环境问题根源、把握污染趋势并引导资源配置与科学决策。在这样的背景下，海量且动态多源的农村生态环境数据迫切需要借助先进的数据管理与分析手段，为协同治理提供有力支撑。

## 二、大数据技术为农村生态环境治理提供的技术支持

（一）有效降低农村生态环境保护工作成本

大数据能够使农村生态环境保护有效降低工作成本，大数据借助庞大的信息网络迅速整合零散数据，从而减少人力与时间投入。传统人工采集方式往往费力且数据覆盖度受限，而大数据的动态抓取与集中处理，则能

够让环境信息得以全面呈现。大数据还可以结合多维度技术对不同来源的信息进行分类、清洗与归纳，使各类环境数据在短时间内得到层次分明的排列，并在此过程中减少重复采集及人工筛查所产生的高昂费用。

### （二）提高改革决策的科学性

大数据还可以显著提升环境决策的科学性，大数据本身蕴含强大的计算与分析能力，能够不断更新农村生态环境的指标与状态。大数据通过实时追踪不同区域的土壤质量、水源状况和大气污染程度，可以动态呈现生态环境要素的变化趋势，并将所收集到的各项指标相互对比，以此为决策提供更为精准的参考。大数据在进行模拟与推演时，能够依托庞大的信息库做深入分析，并将分析结果以直观形式呈现，准确度往往远高于传统的主观推测。这种科学依据不但缩短决策者获取信息的时间，也让相关部门更有把握地拟定治理措施。

### （三）改善环境公共服务质量

大数据能够改善环境公共服务的质量。大数据通过对农村生态系统的全景式扫描，帮助相关治理主体了解水、大气、土壤、森林、草原、耕地等不同要素的具体情况，并通过智能算法识别污染源及潜在风险点，让政府部门可以及时发现隐患并加以针对性修复。大数据还可以将不同地区积累的监测结果纵向汇总，识别各类环境问题的演化规律，在此基础上引导政府做好服务规划。大数据让公共服务具备更强的预判能力，能够根据当前环境症结精准投放治理资源，从而为农村居民提供更高水平的保护与支持，也能有效减少盲目投资与低效率施工。[1]

### （四）提高环境监测效率

大数据同样可以提高环境监测效率。大数据通常以视频、图像以及

---

[1] 刘军. 新农村生态环境治理的管理措施 [J]. 魅力中国，2016（13）：179.

多样化的数据可视化手段呈现出监测结果，使得查看与解读变得直观易懂。大数据还能与无人机、传感器、物联网等新兴技术相结合，实现对空气、水质及土壤状况的全域采集与即时呈报，当有害物质浓度或其他异常指标出现波动时，系统能够迅速标识问题区域并向管理端发出预警。大数据依托海量信息的快速处理功能，令环保监测工作更加便捷与准确，也使得应急措施得以及时落实，有助于构建高效的农村生态环境保护机制。

# 第七章 农村生态环境多元共治主体协同治理的具体实践

# 第七章　农村生态环境多元共治主体协同治理的具体实践

## 第一节　树立协同治理理念

### 一、树立利益共识观念

在农村生态环境治理进程中，树立利益共识观念被视为协同治理的逻辑起点，是实现公共事务领域内"公共利益优先"这一核心理念的关键。治理的终极目标是确保农村生态环境的可持续性，并维护社会民众的生命健康权益。此目标关乎民生福祉的增进、经济发展的稳健以及社会和谐的维系，不仅是政府治理能力的重要体现，也直接反映出国家治理体系和治理能力现代化在环境管理领域的实践成效。

随着我国以经济建设为中心的发展战略深入实施，国家在经济领域取得了显著成就。这一发展模式使一系列生态环境问题凸显。经济活动虽为社会提供了必要的物质基础，但同时消耗了大量自然资源，并引发环境污染。在农村地区，这种矛盾尤为突出，生态环境因支撑经济发展而承受较大压力，生态系统退化问题突出，农村民众的生活质量与生命健康面临挑战。

要化解这一矛盾，就要着重寻求经济发展与环境保护之间的利益平衡点，实现人与自然和谐共生。这要求在农村生态环境治理中构建广泛的利益共识，合理权衡生态利益与经济利益的关系。治理所涉及的利益主要包括以下两点：一是生态系统自身的存续利益，即通过改善和提升环境质量以维系生态平衡；二是人类因生态环境改善而获得的福祉利益，如生活环境的优化、健康水平的提升等。利益共识的达成需依赖政府的科学引导、法律制度的坚实保障以及社会各界的广泛参与和深度协作。

在国家层面，政策导向明确将环境保护置于与经济发展同等重要的位置，致力追求经济与环境的协调发展。政府通过制定相关法律法规，将公共利益具体化，以期在农村生态环境治理中有效落实这一目标。目前在实践中仍面临诸多挑战，部分企业为追求短期利润最大化而忽视环境保护，导致生态被破坏。因此，必须通过强化法律规则和监管措施，确保此类行为受到应有制裁，切实保护生态环境和保证公众健康。

## 二、树立相互信任理念

构建互信机制是多元协同治理的基石，只有在此基础上，各方主体才能建立起稳固的信任关系。这种关系有助于增强内聚力，促进共识的达成，并降低交易成本。长期以来，传统观念主导下的关系信任主要建立在血缘或地缘关系之上，而非制度信任。为实现多元主体对农村生态环境的协同治理，亟须在各主体间培育一种基于互惠原则的信任文化。这要求人们从以下几个方面努力。

### （一）强化政治信任文化建设，推动政府信用体系的健全

政府信用在信用体系中占据核心地位，是国家信用制度的根本所在。政府信用的提升，能够显著增强民众的信赖感，促进社会向心力的形成，进而有助于构建良好的社会秩序，降低社会运行成本。在农村生态环境协同治理体系中，政府既是治理的引领者，也是推动治理进程的主导力量。政府信誉良好，其主导的农村生态环境协同治理成效将更为显著；反之，则可能导致治理过程受阻，治理效果不佳。加强农村环境管理相关政府部门的信任文化建设，推动政府信用体系的完善，营造有利于农村环境治理的诚信氛围，显得尤为重要。

### （二）构建个人信任体系，促进各主体内部的互动与沟通

这里的个人信任主要指单一农村环境治理主体内部的信任关系，涵盖政府、企业及公众等。构建各主体内部的信任体系，可形成和谐的内

部秩序，为各主体间的互动信任搭建平等对话、有效沟通、协商共议的平台。参与协同治理的政府部门、企业、社会组织均由个体组成，这些组织间的协商、合作、决策、执行等行为均由具体个体完成。个体间的信任程度在很大程度上决定了组织间协同治理的推进效果。培养具备可信品质的组织成员，使其在交涉时秉持诚实守信、坦诚相待的原则，务实解决分歧，严格遵守协议，这些至关重要。组织领导者作为组织形象的代表，应遵纪守法、严于律己，维护自身正面形象，并在不同场合妥善处理公私关系。

### （三）加强社会信任文化建设，营造积极的信任环境

这种信任主要指社会层面的信任关系，即在社会层面构建信任文化，宣传典型信任事例，发挥榜样作用，可以使广大民众认识到信任价值的重要性及可能性，让信任观念深入人心。党员干部应充分发挥表率作用，改善信任文化，提升整体队伍道德素养，引领全社会形成"以诚信为荣、以失信为耻"的信任风尚。这种文化环境将进一步促进农村生态环境治理中信任文化氛围的发展，为实现更为有效的协同治理创造有利条件。

## 三、树立风险共担观念

### （一）确立风险预防观念

风险预防观念的确立在现代社会中具有举足轻重的地位，特别是在充满不确定性风险的社会背景下。预防原则已成为风险社会的首要指导原则，因其能有效避免或减少风险的发生。农村生态环境协同治理正是风险社会视角下的一种风险治理实践。在通常情况下，无论是政府治理、市场治理还是社会治理，在农村生态环境领域往往侧重于事后补救措施，而非事前预防。这一现状警示人们，在农村生态环境治理中，要将风险预防置于核心地位。实现这一目标，需从维护农村生态环境利益

的源头出发，采取预防性举措，如对农村生态环境污染或生态破坏行为进行源头防控，对违法犯罪活动提前介入并严厉打击。尽管预防原则可能会带来一定的成本，如可能在一定程度上限制某些民众的自由等权利，但通过及时的引导与教育，民众能够理解并支持预防原则所带来的长远利益。从农村生态环境的角度来看，随着经济的快速发展，此类生态环境所面临的危害及其引发的风险系数不断攀升，造成的损害也日益严重。为有效应对这一风险，确保农村生态环境的良好状态，保障国家的生态安全，确立风险预防观念并将其作为推动协同治理的重要动力，显得尤为重要。

### （二）确立风险责任观念

虽然确立风险预防观念是应对风险的首要步骤，但为有效防范风险，还需将预防观念转化为具体行动。这就要求各方明确在应对风险时的具体职责，通过责任的具体化来落实风险预防的原则。农村生态环境治理体系必须适应这一变化，从政府单一的监管责任观念向多方参与的协同治理模式转变。在这种治理模式下，风险预防成为治理的关键环节。明确政府、企业、民众等各方的责任，可以更有效地实施风险管理。在农村生态环境协同治理过程中，政府应制定有效的政策、法律及相关制度，以明确各方权利与责任，从而有效防范风险。乡镇企业应对其生产经营活动负责，一旦其行为导致农村生态环境被污染或破坏，其必须承担相应的法律责任。民众也应自觉树立环保意识，通过实际行动参与环保和风险防控，不应转嫁或规避风险。唯有这样的责任分配和实际行动，才能有效推动农村生态环境的良好治理，并最终实现风险的有效管理和控制。

## 四、树立平等互动的核心观念

在新型农村生态环境协同治理体系中，各主体间的分工具有显著差异。尽管多元主体间存在主导与非主导之别,但各主体的地位平等。这种建立在平等基础上的协同治理关系,促使各参与方不仅共同参与农村生态环境的治理活动,而且共同承担相应的治理责任。这种协同治理关系摒弃了传统的命令与服从模式,转而构建了一种基于互信、平等且契约化的合作伙伴关系。

在农村生态环境协同治理的推进过程中,政府部门扮演着至关重要的领导角色。政府的具体职能体现在以下几个方面:政府不仅是推动者、引导者和服务者,还主导治理的全过程,其角色由传统的掌舵者转变为服务者,尽管角色本质未变,但身份定位已发生转变。在这种主导关系中,政府需超越传统的区域观念和行政级别限制,遵循平等协商的原则,积极引导其他主体参与到农村生态环境的治理中来。政府还需通过增加沟通频次,加强各方面的协商与合作,这不仅有助于各参与主体明确自身定位,还能使其迅速融入协同治理的流程中。政府还应致力提升其他治理主体参与集体行动的能力,使其真正转变为治理主体,全面融入治理活动。针对可能面临身份困境的治理主体,政府应协助其明确角色定位、存在价值以及权利义务,从而确保每个主体都能在政府的主导下有效履行职责,共同构建一个稳定且高效的治理结构,推动农村生态环境协同治理的顺利进行。

农村生态环境多元共治主体协同治理的实现机制

## 第二节 培育多元共治主体

### 一、加强政府之间的"内部协同"

#### (一) 加强中央政府与地方政府之间的协同

中央政府在农村生态环境保护中通常扮演领导角色,而地方政府则具有具体执行义务。要想在生态领域形成卓有成效的治理布局,先要协调好中央与地方之间的权责关系。

1. 合理划分央地环境治理事权

中央与地方在农村生态领域的权限配置仍不对等,中央部门拥有较大的决策与监督权限,但在履行治理责任时相对投入不足;地方政府承受较大压力,却只能运用有限资源应对复杂的环境挑战。这种权责不匹配的格局,往往会让农村生态问题长期得不到根本解决。为了扭转这种局面,中央部门应当在全国性、跨区域或高度综合的环保项目中承担更多责任,包括在政策整合、协调管理以及预算保障方面做出更大贡献。地方政府若面临区域性污染治理任务,应在中央适度支持下承担主体责任,并将乡村生态难题纳入本地公共服务体系。

2. 合理匹配央地环境治理财权

农村生态环境整治需要强有力的资金支撑。若地方政府无法获得足以开展环境治理的财力,就难以在保护农村生态的进程中发挥主观能动性。中央政府可以通过完善财政体制和财税配套措施,赋予地方政府相应的收入来源或补助渠道,让地方政府能拿出足够资源投入农村生态环境建设之中。提高地方政府公共财政份额或者提供专项资金支持,一方面能缓解基层财力不足,另一方面也能在治理绩效与资金使用效率间建立良性激励,真正实现"谁负责、谁投入、谁受益"的公平机制。

### (二) 加强地方政府之间的协同

不同区域之间在农村生态环境治理方面常面临相邻河道、跨区域空气污染以及产业链联动等多重问题,需要加强地方政府层面的协作。第一,需要做好政府间协调的整体规划。地方政府间若能在前期就对生态保护、资源开发等重点领域先行研判,明确各自发展定位和约束条件,便可在经济增长与生态涵养中达到较好的均衡。第二,需要完善跨地区的联合防控机制。单个区域政府封闭管理,往往难以对污染或生态破坏实施有效防治,应在制度上打破部门或地区壁垒,实现政府间合作查漏补缺,共同推进农村生态环境问题的预防与处置。第三,需要进一步强化政府间联席会议制度。针对跨区域的农村生态环境问题,各地方政府及职能部门可定期召开会议或联席协商,明确议题范围,并形成可执行的行动方案,尽量把每次会议讨论结果转化为带有约束力的治理举措。第四,需要深化跨区域执法联动。环境违法行为常带有流动性或隐蔽性,仅靠单一行政单位难以形成威慑力,必须整合多地执法部门的力量,实现统一检查、信息共享以及集中整治,从而让跨区域的生态治理更具实效。

### (三) 提升基层政府的协同能力

基层政府与农村居民的联系最为紧密,是落实农村生态环境保护与公共服务的"最后一公里"关键力量。要推动基层政府更好地发挥协同作用,就要从多方面加以强化。

首先,应积极推动基层政府在职能上主动转变,进一步贴近群众需求,把与群众切身利益密切相关的生态保护事务纳入政府工作范畴,确保环境公共物品与公共服务能够顺利提供给农民群体。可以通过整合不同部门的相似或重叠职能，集中资源开展协同治理，减少彼此之间"多头管理"或职能交叉造成的效率损失。

其次，应清晰划定基层政府的权力界限，不必包揽所有公共事务，而应适度让渡空间给市场与社会组织，让其在农村生态环境治理中发挥更大能动作用。政府可通过完善政策指引和服务措施，为社会主体与市场主体提供资源或制度上的帮助。当社会主体与市场主体能够独立应对某些环境课题时，政府部门便可减少行政干预，把监管注意力集中在关键环节，既提升治理效率又避免越位与缺位并存。

再次，需要转变政府权力实现方式。对于一些重大或紧急的环境事件，政府仍可采取强制措施进行干预，但在常态情境下，政府应该善用市场机制或自愿原则，以指导、鼓励、协商、示范等方式推进绿色发展。协同治理的目标在于实现多方共治，政府须树立服务意识，与村民、企业和社会团体等开展平等对话。通过坦诚讨论并凝聚多方共识，基层政府能够更好地整合公共资源，并吸纳更多外部力量投入环境保护之中。

最后，基层政府无论在制度设计还是在行政执行上，均应始终坚持人民利益导向，将百姓福祉作为决策与行动的出发点与归宿。农村生态环境的改善不仅关系到当前居民的健康与生活品质，也关乎农村未来的可持续发展。政府站在人民立场来衡量治理绩效，才能确保在生态环境保护过程中兼顾经济发展和民生保障，真正实现人与自然和谐共生。只有基层政府在权力配置、服务理念和行为准则方面实现自我完善，农村生态环境的协同治理才有更坚实的支撑与更广阔的前景。

## 二、加强政企之间的"内外协同"

在农村生态环境治理过程中，企业身份较为特殊。一方面，企业是农村生态环境问题的根源，其在生产经营过程中，利用自然资源进行生产可能会破坏自然环境，排污过程会污染生态环境；另一方面，企业又是农村生态环境治理的主体之一，企业在此多元共治格局中的地位及作用的发挥程度会影响到农村生态环境治理的整体效果。加强政企之间的"内外协同"是农村生态环境治理的重要工作之一。

### （一）引导支持企业参与农村生态环境治理

农村生态环境治理一般需要依靠企业等修复和改善被污染破坏的生态环境，修复受损的农村生态环境是一项长期而复杂的工程，需要大量的资金支持。政府可以为企业投资提供引导或者服务工作，如提供财政支持来设立生态基金，鼓励其他社会资金投入农村生态环境治理项目，还可以利用财政投入鼓励企业节能减排等。除此之外，地方政府可以创新服务方式，如通过相关政策鼓励大力发展绿色信贷和金融优惠，鼓励对节能环保企业提供担保，探索发行区域农村生态环境治理项目的债券，促进环保产业发展。

### （二）促进第三方企业参与农村生态环境治理

在农村生态环境治理实践中，设备管理混乱或者对环境治理不够重视，由此造成了治理效能较低，进而影响农村生态环境治理效果，有的国家专门引入第三方企业来治理污染。目前我国在农村生态环境治理过程中也在积极采用此种方式。一是具备条件的地方可以考虑采取特许经营方式，即国家特别许可第三方企业利用自有设施来进行环境治理，并根据相关政策享受国家优惠补贴。二是可以采用承包方式，即第三方企业接受委托，利用他人所有设施治理环境污染等。三是利用招投标方式为第三方企业搭建参与治理平台。

## 三、加强政农之间的"参与协同"

政府与农村居民之间的互动是农村生态环境治理的重要一环，是确保农村生态环境协同治理得以实现的基础，必须妥善处理好此协同治理过程中政府与农户的关系。

农村生态环境多元共治主体协同治理的实现机制

### (一)加强政府与环保类社会组织之间的"参与协同"

1. 为环保类社会组织参与农村生态环境治理提供机制平台

政府应通过立法来确立环保类社会组织的法律地位,让其在农村生态环境治理中拥有更明晰的权利与职责。法律框架明确后,政府可以通过评估、监督等方式协调环保类社会组织在治理过程中的技术与资源优势。政府可让环保类社会组织独立对相关项目进行环境风险评估,只需负责过程监督,而不必全面介入评估细节。通过此种平台支持,环保类社会组织能够把专业能力充分运用在农村生态环境保护的具体环节上,为政府的决策提供更具科学性的依据。政府也可促进跨地区生态协作,借助环保类社会组织的灵活机制来推动不同地域的信息交流与资源共享。环保类社会组织的生存与扩张,需要资金来源方面的更多政策助力。政府可通过税收优惠、购买服务或激励企业捐赠等渠道,让环保类社会组织拥有持续的支持。

2. 充分发挥环保类社会组织在农村生态环境协同治理体系中的作用

(1)大力发挥环保类社会组织的监督作用。由于环保类社会组织往往具备在环保领域的专业积淀,它们能为政府制定与落实农村生态环境保护法规提供外部监督与建议。某些企业在生产经营中可能对生态造成破坏,环保类社会组织能凭借专业检测或实地调查,更及时且准确地掌握排污等违规行为,并督促企业进行修正。

(2)充当政府与民众沟通的桥梁。农村生态环境治理的成功,在很大程度上取决于农民的参与和配合。环保类社会组织可以面向农户宣传政府出台的政策与法规,解释这些举措与农户切身利益的关系,让农民了解自身应当肩负的环保责任。环保类社会组织还能将农民对环境问题的反馈、需求和意见收集并转达给政府,让政府部门能更迅速地掌握基层情况,进而及时调整决策,推动治理方案落地见效。

(3)引导农民自觉形成良好环保氛围。环保类社会组织还可以举办多元化的活动，引导农民在衣食住行以及生产经营等各个方面践行绿色生活方式。通过村镇宣讲、环保培训和生态体验等方式，环保类社会组织能让农民逐渐提升生态保护意识。农民若意识到保护生态环境与自身生活品质和长远利益息息相关，就更容易自主地融入农村生态环境治理，最终促成"政府＋环保类社会组织＋农户"三方协同、良性互动的格局。

### （二）加强政农之间的"参与协同"

1. 尊重公众生态环境利益诉求

农村的生态环境治理不仅与农村居民利益息息相关，也与其他公民的利益息息相关。为此，政府需要引导全民参与环境治理过程，通过确定农村生态环境治理相关行动计划、方案，使公众认识到保护农村生态环境人人有责。在引导过程中，要选择鼓励公众进行利益表达的机制，鼓励和尊重公众的意见和建议，将其意见和建议的合理成分纳入农村生态环境治理过程，并对有贡献者予以奖励，进而促进公众由被动到主动，积极参与农村生态环境协同治理。

2. 健全和完善公众参与的法律保障制度

一是完善农村生态环境治理中的公众参与制度。政府可以采取多种形式了解公众对生态环境的诉求，如座谈会、论证会、听证会，也可以通过第三方组织进行调查研究，或者通过创新监督方式，引导公众对农村生态环境相关的建设项目等进行有效监督，或者对政府等治理主体的治理行为进行有效监督。完善公众参与制度，才有可能实现公众参与农村生态环境的协同治理。二是完善公众参与农村生态环境治理的奖励制度。环境保护领域的行政奖励是环境治理推进的激励性手段，主要针对在生态环境保护过程中做出贡献的单位和个人。从奖励内容上看，其主要包括精神和物质两种方式。

3. 保障并畅通公众参与渠道

一要确保公众参与权利的落实。这需要完善相关规定，保障公众参

农村生态环境多元共治主体协同治理的实现机制

与权利能够真正落到实处，进而构建起农村生态环境治理体系中的公众参与机制。二要畅通公众参与渠道。除了传统的渠道外，还可以广泛使用新的参与渠道。

## 第三节  构建协同治理平台

### 一、进行网络整合

#### （一）互联网时代农村协同治理的主要模式

侣传振认为互联网时代农村协同治理的主要模式有三种[①]，如表7-1所示。

表7-1  互联网时代农村协同治理的主要模式

| 模式名称 | 适用情境 | 具体做法 | 借助平台 | 协同程度 |
| --- | --- | --- | --- | --- |
| 互动—协商模式 | 存在社会分歧，利益需求多样 | ①推动多元主体的互动与对话<br>②意见与政策协商<br>③提供个性化服务 | 政务微信、微信群、QQ群、政务微博、政务微信矩阵 | 协同水平显著提高，但政府主导的现象依然显著，农民等主体的参与程度有待进一步提高 |

---

① 侣传振.互联网时代农村协同治理模式、演进逻辑与路径选择[J].湖南农业大学学报（社会科学版），2019，20（6）：31-37.

续表

| 模式名称 | 适用情境 | 具体做法 | 借助平台 | 协同程度 |
|---|---|---|---|---|
| 公开—监督模式 | 信息闭塞，公开监督程度不足 | ①推进信息上网、互联及信息公开 ②打通信息沟通与监督渠道 | 各级政府门户网站中的在线咨询电子邮箱、在线留言、BBS等栏目 | 政府处于主导地位，协同水平相对较低 |
| 开放—共治模式 | 信息技术高速发展，现有治理能力不足及治理体系不完善 | ①推进数据的开放与共享 ②创新并升级合作平台 ③执行开放式治理 | 政务微信、微信群、政务微博、QQ群、移动APP | 协同程度更高，受数据开放共享程度的影响，多元主体间的协作共治还有很大的拓展空间 |

（二）互联网时代选择协同治理模式的三个原则

不同区域的农村生态环境千差万别，同一区域的农村社会发展情境也各不相同。基层政府必须结合现代技术，通过信息等手段强化协同治理，在实践中需要把握如下三个原则。[①]

1. 根据互联网信息技术发展水平合理选择

基层政府在推行农村生态环境协同治理时，应充分评估当地互联网技术水平。我国东西部地区在信息化基础及技术水平方面发展步调不一，东部沿海地区往往先行使用较高水平的互联网应用，而中西部地区相关设施和技术储备可能相对落后。若某一区域的基层政府仅具备Web 1.0层面的技术条件，则主要通过公开信息、方便公众监督的方式开展工作，鼓励广大农村居民对生态违法行为进行积极举报或反馈。若已达到Web 2.0阶段，该地区可以尝试更多的社会互动与协商机制，让民众在网络平台上参与征求意见、答疑解惑以及互动式决策。对于那些已掌握

---

[①] 侣传振. 互联网时代农村协同治理模式、演进逻辑与路径选择 [J]. 湖南农业大学学报（社会科学版），2019，20（6）：31-37.

Web 3.0及以上层次技术能力的地区，政府则可开展更为成熟的开放式共治模式，让公众通过区块链、智能应用或其他先进技术实现生态治理的全程参与和过程监督。

2. 根据农村居民实际需求情况合理选择

农村生态环境协同治理在"互联网+"时代，必须贴近村民群体的真正需求和具体关切。若某一地区互联网技术相对薄弱，而广大村民又渴望以最低门槛来监督生态执法部门，公开监督模式也就成为更具可操作性与可行性的选择。信息公开与多渠道的实时披露，可以避免个别执法者出现懈怠或偏袒现象。若村民希望在环境事务中拥有更具深度的话语权或意愿表达，协商互动式的治理模式则相对更适合。此时，政府、社会以及村民个人或团体基于信息平台展开对话，寻求在具体环境议题上的共识与分歧解决方案。当多数村民的环保意识已充分觉醒，并渴望与政府、社会以及企业等多方共同承担治理责任时，则可尝试采用开放合作的共治手段，让村民平等进入决策环节、监管环节以及收益分配环节。

3. 根据政府治理能力合理选择

政府对信息技术掌握水平以及行政能力，同样会对协同治理模式的选择产生影响。若政府在信息公开方面依然滞后，无力实现对各类治理信息的全面透明化，社会监督也就难以真正到位，最基本的模式便只能从"公开信息+社会监督"入手。政府若对社会、企业等多元主体的环保诉求缺少沟通能力或资源整合能力，也容易导致冲突。此时，可以通过在公开信息基础上开展更广泛的意见征集与对话，逐步形成互动协商机制，使政府、社会、企业和村民围绕某一环保议题在博弈和讨论中找到平衡点。若政府面对的生态课题十分复杂，或者自身统筹与决策资源有限，就应在充分保障信息透明的前提下，尽量推动合作治理，即让不同利益相关方在资源配置与理念融合上形成联盟关系，共同分享责任与成果。"公开—合作"模式让各方在最广阔的范围内进行资源互补，也能为农村生态环境治理开辟更可持续的发展路径。若政府能准确认知自身能力边界并主动整合外部力量,就能在合适的模式中有效应对复杂多变的农村生态环境的挑战,并逐步为农村地区提供兼顾经济增长与生态文明的公共服务。

(三)互联网时代选择协同治理模式的具体做法

1.农村生态环境信息管理系统:一种折中的技术安排

农村生态环境信息管理系统在生态环境治理过程中属于信息技术的一种新型应用。通过这一技术手段,各个政府部门可实现数据与流程的横向整合,进而增强对生态问题的及时监测与整体管控。引入此系统通常会对原有的行政格局产生冲击,可能会削弱部分部门的既有权威或缩小其独立运行空间。为减少这方面的矛盾,系统的设计和运行往往会采用折中思路,也就是说,既要注重整合多方环境数据,又要满足科层制对权力运行的基本需求。此模式的优点在于两个方面:一方面,它通过建设农村生态环境数据端口和信息接口,让政府部门能够在横向联动基础上展开协同,对各种生态隐患进行综合治理;另一方面,它满足上下级部门在"条"管模式下对封闭管理和绩效考核的诉求,不干扰各自的日常权力运行。此系统主要提供数据支持与信息整合,不直接调整科层制架构或官员考核方式,所以也更容易被各部门所接受。[①]通过这样的信息管理系统,基层政府与相关职能部门在环境领域的协调效率得以提升,同时依托专业化的数据采集与共享机制,为科学制定农村生态环境策略提供坚实的数据基础。[②]

---

[①] 黄晓春.技术治理的运作机制研究:以上海市 L 街道一门式电子政务中心为案例[J].社会,2010,30(4):1-31.
[②] 颜海娜.技术嵌入协同治理的执行边界:以 S 市"互联网+治水"为例[J].探索,2019(4):144-155.

## 2. "互联网+"与政府在方方面面的协同治理

"互联网+"与政府协同治理模式要求从多角度完善基础保障工作。应加快出台政务信息公开与社会服务的一系列配套制度,通过对信息采集、交换、公告与网络建设进行细化规范,为政府信息共享扫清制度障碍。政府只有在明确数据安全和开放原则后,才能够让各部门顺畅地将环境相关信息上传并互联互通。应持续加强对人口、房屋、证件、职业、车辆以及组织等基础数据的采集与录入,在此基础上进一步将环境监测信息纳入综合数据库,包括水土流失、自然资源消耗、农业面源污染等多项生态指标。通过建设人口、法人单位、人才资源、社会保障、生态环境以及宏观经济等多维信息库,政府可以更全面地掌握农村生态环境的实际状况,为宏观决策提供支撑。应督促交通、农业农村、生态环境、自然资源、财政等直接关乎农村生态环境治理的部门及时在综合平台发布并更新相关数据,让其他主体能准确追踪最新进展,避免信息孤岛与重复统计。要在技术层面大力推行网上受理、办公和服务,将在线申请、在线审批与在线调度相结合,让治理主体能够随时随地提交材料并获取反馈。应重视对村民环保意识的培养,通过多元化渠道宣传"互联网+"对生态环境协同治理的价值,引导村民、企业或社会团体积极参与线上环保互动。

在此基础上,政府应进一步强化对综合平台的后续运维,着力建立涵盖线上巡查、线上监督、实时管控的全程防控体系。这离不开专业人才与志愿力量的支持,需要从技术研发、平台管理、舆情监控等维度招募具备环保与信息化交叉技能的人员,并在此基础上不断升级"互联网+"系统的功能模块。"网评员""信息员"等社会群防群治队伍同样值得培育,这些基层人士能够配合官方力量,开展日常巡查、数据上报和环境预警等工作,让政府对农村生态环境的监督不再局限于传统模式。线上与线下合力可以大幅缩短发现问题与采取措施的反应时间,也能以更低的行政成本覆盖更大的分散区域,从而形成精细化、精准化、动态化的农村生态环境治理新局面。

## 二、健全组织架构

当前，我国政府农村生态环境管理职能存在于多个部门，尽管2018年以来我国完善了生态环境管理体制，但是关于农村生态环境问题的管理还是涉及多个部门，大致包括生态环境部门、农业部门、林草部门、自然资源部门等。条块分割及碎片化管理导致了一些弊端，这也要求从整体性角度对农村生态环境进行协同治理。具体来说，可以从如下两个方面展开。

### （一）设立中央层面农村生态环境治理领导小组

中央层面设立统筹农村生态环境治理工作的机构，对于应对跨区域、跨部门的环境难题十分必要。此领导小组由国务院、发改委、财政部等部门的相关负责人及专家共同组成，确保在决策层面拥有权威性与综合性。一方面，小组需要在立法领域提出针对农村生态环境保护的立法建议，并递交相关机关审议，通过立法将生态责任与治理规划更好地固化下来。另一方面，小组应当研究涉及跨省乃至全国性的大型生态环境治理项目，明确各区域政府以及不同层级组织的分工和配合。小组还肩负监督与审查的职责，关注各省市之间、政府与企业之间，以及社会组织之间在生态环境治理合作中设定的规则，使之得到有效执行。对于突出的农村生态环境问题，小组要及时启动整体协调与过程监管，帮助化解重大生态环境风险。小组还承担宣传与培训等职能，通过整合政府与社会资源，共同推进农村生态环境知识的普及，让更多农户与基层干部了解并践行可持续理念。领导小组自上而下具有跨部门调度能力，能够以宏观视角化解碎片化治理所带来的矛盾，从而成为农村生态环境保护的有力抓手。

## （二）完善省部级联席会议制度

省部级联席会议能够发挥协商与联动的作用，对于处理中高层次或跨区域的生态环境难题卓有成效。在涉及农村生态环境时，这种会议制度同样具有重要意义。会议可以定期就区域性生态环境问题进行研究，尤其针对跨省或跨流域的生态污染源治理、资源调配与项目落地等重点议题进行集中讨论。若有重大的环境污染事故，或者某些高风险的建设项目即将在农村区域实施，联席会议也应迅速汇总各方意见，并做出相关决策或提出协调方案。要让省部级联席会议发挥最大效用，就要在整体视角上进行制度设计，也就是让各级农村生态环境治理机构既接受本地政府领导，也纳入国务院相关职能部门的指导范畴。联席会议下达的决议或政策应具备相应的法律效力，各地须严格执行并定期反馈落实进度，方能避免"走过场"。当跨区域问题以联席会议制度为平台获得稳妥处理时，地方政府之间就会形成合力，不再各自为政，从而为农村生态环境保护打下有力的协同基础。

## 三、加强制度建设

制度保障是农村生态环境协同治理的关键，明确的制度不仅是农村生态环境协同治理的依据，而且为农村生态环境协同治理提供程序保障，有助于农村生态环境协同治理效能的顺利实现。

## （一）加强与协同治理过程相关的制度建设

加强对农村生态环境的协同治理，离不开相应的制度支撑。先要建立或优化包含决策制度、绩效考核制度、紧急应对制度、联合审查监督制度等在内的各项基础制度，让每个主体在共同治理中都有明确的权责。不同层级、不同类型的主体在协同治理时，往往需要在协商制度的框架中对目标、手段以及利益分配等问题进行平等对话。若缺少相应的制度设计，参与各方的意见与矛盾便难以及时化解。在实际执行这些制度时，政府部门应和市场、社会以及公众充分协商，努力让制度更具包容性，让多元主体都能感受到共建共享带来的好处。

### （二）促进制度之间的良性互动

实现农村生态环境的协同治理，需要多项制度之间互相配合，形成一个贯通的整体。若决策制度与监督制度之间缺少联动，协同治理议程便可能无法顺利进行，也无法确保后续执行的进度与质量。若考核制度与应急制度之间难以衔接，一旦出现破坏生态环境事件，政府与其他主体便会彼此推诿，权责不清。基于此，必须在顶层设计与实践探索中兼顾不同制度的协调统一，消除制度条款"打架"的情况。各项制度倘能在目标、要求和程序上保持一致，农村生态环境治理中原本碎片化的条件就更容易被统一起来，进而形成严谨而高效的合力。制度之间一旦实现良性循环，协同治理便能逐步深入，对于提升农村生态环境保护成效以及落实绿色发展理念都将大有裨益。[1]

### （三）创建完善的制度环境

制度环境的完善是农村生态环境协同治理长久推进的关键所在。政府要在此过程中积极发挥倡导作用，在政策设计与实施环节鼓励与保障各主体参与。可以通过立法或行政规定强化对协同治理成果的认可和保护，让社会组织、企业以及村民在投身环保工程时感到其投入能够得到应有的尊重和激励。[2] 一方面，政府要努力营造氛围，使"共建、共治、共享"的理念内化于各方行为中。当市场、社会以及农户都能在受益与

---

[1] 吴春梅,庄永琪.协同治理：关键变量、影响因素及实现途径[J].理论探索,2013(3)：73-77.

[2] 邓玲,王芳.乡村振兴背景下农村生态的现代化转型[J].甘肃社会科学,2019(3)：101-108.

付出之间找到平衡点时，协同治理便自然而然地成为共同的选择。另一方面，政府也须做到以身作则，依法对各方行为进行监管，保持生态保护的权威性和公信力。若政府部门能够切实扮演好组织者与引领者的角色，与多元主体共同营造良性的治理环境，就能将农村生态环境保护推上可持续的轨道。①

## 第四节　建设并完善协同治理相关机制

### 一、健全协同治理的相互信任制度

信任是协同的核心要素，是协同行动得以展开的基础。在农村生态环境协同治理过程中，只有参与治理的各主体之间相互信任，才能深入协商，深度合作。制度信任属于更高层面的信任，制度作为规范的体现，其对于行为具有很强的指引作用，可以形成普遍约束力，并内化和影响个人的行为抉择。在农村生态环境协同治理过程中，制度信任一旦形成，便能够有力推动协同治理行为有序进行。

#### （一）提高政府公信力

政府若想在农村生态环境协同治理中获得各方的支持与配合，应当以实际行动证明其言出必行。若政府在公共场合做出了环境治理方面的承诺，就需要通过连续、稳定执行来向社会各界体现自身的信用。这种自觉守诺的行为不仅彰显了政府的责任担当，也能释放一个信号：政府

---

① 吴春梅，庄永琪. 协同治理：关键变量、影响因素及实现途径 [J]. 理论探索，2013（3）：73-77.

确实重视生态环境问题,希望通过多方协同来取得切实的成效。农民、企业或社会组织观察到政府的承诺逐步落实,就会逐渐提高对政府行为的信任,相关政策的反对声音也会相应减少。

政府应将诚信行为纳入内部考核机制,通过在相应平台上详细记录执法者的行动轨迹、执法依据和具体效果,将"诚信执法"量化为明确的考核指标。这样做可以避免执法者对公众做出的口头承诺成为一纸空文,一旦失职或推诿,平台上的记录就会显现出来,成为考评时的重要参考。若执法者以积极合作与执行到位的态度赢得社会各界认可,应当获得恰当的奖励或表彰。若因故意敷衍或不当行为造成信任危机,则应当及时被警示甚至追责,让"失信成本"不断提高。

对于诚信度高、对农村生态环境保护采取积极配合态度的执法者,政府可通过绩效奖励或晋升等方式进行鼓励,而对屡屡失信于民,甚至利用职权谋取私利的执法者要果断处理,保障整体的公信水平不被个别人拉低。政府需构建外部评价机制,让企业、社会组织与农民等治理相关方也可以对政府部门和具体执法者进行评分或反馈,以判断其在协同治理中的表现。考查内容可包括政府是否遵守法律规定、是否具有诚信度、是否有效沟通和维护公众权益等。

## (二)提高环保类社会组织的公信力

环保类社会组织在农村生态环境协同治理体系中扮演了关键角色,其专业性与灵活性能够弥补政府或企业在社会动员与快速响应方面的不足。要想让环保类社会组织在基层社区中发挥更大的作用,信任同样至关重要。首先,环保类社会组织必须严格遵守各项法律法规,用守法与自律的行动来为自己赢得公认的合法性。若环保类社会组织在执行环境保护项目时能始终坚持透明化运作,如公开资金来源与去向、公开项目计划与执行情况,就更容易获得公众和政府的理解与支持。其次,环保类社会组织需要在自我规范上加大力度,主动建立组织内部的监督与反

农村生态环境多元共治主体协同治理的实现机制

馈机制，避免形象因个别成员的不当行为而受损。在与基层群众对接时，环保类社会组织还应积极倾听群众的意见与诉求，通过深入走访与调研了解他们在环境公益方面的真实需求，并将这些需求转化为针对性的服务或项目。当基层群众感到自己的声音被倾听，自己的困难被了解时，环保类社会组织就更容易与他们建立稳定的伙伴关系。

## 二、完善协同治理的沟通合作机制

### （一）加强协同治理的沟通机制

1. 构建农村生态环境信息追溯系统

（1）建立农村生态环境信息追溯系统和配套制度，需要各地从统一相关生态数据着手，系统性梳理现有的环境基础资料，将不同渠道、不同层级所获取的信息归于一体。制定详细制度保障是推动信息追溯系统有效运行的重要条件，这些制度应覆盖信息要素采集的标准、信息交换的流程、信息发布的规则以及安全管理的措施。确立农产品质量准则，同步明确各类环境信息在追溯过程中的评估指标，能够为信息追溯系统提供客观量化的参照。强化对基础数据的安全保护，同样需要纳入整体制度设计，以防止出现信息泄露或被篡改等潜在风险。

（2）提高信息追溯系统的认可度，能够使系统更好地落地生效。政府部门应运用务实的激励机制，引导更多企业和个人加入生态环境数据信息管理网络，并且通过多种方式告知公众信息追溯系统的意义和使用价值。行业协会需要承担协调和推广的职责，利用自身在企业间的影响力，鼓励更多经营主体自主投入系统建设，形成从研发到应用的全链条覆盖。社会组织可以发挥监督优势，通过舆论引导和宣传活动，让公众更清楚地了解信息追溯系统的重要功能和操作方式，从而进一步增强全社会的参与意识。企业必须以守法合规为前提，自觉报送环境数据，并结合各自生产环节在平台上持续更新，只有当多方合力形成信息共享氛围时，信息追溯系统才可能切实发挥作用。

2.完善农村生态环境信息公开制度

完善信息公开制度，需要在生态环境监管环节实现更大的透明度。主管部门应认真审视现有的公开方式，尽量避免只注重形式而忽略实质内容的做法。明确公开原则后，必须在细节层面提供更精准的信息描述，既要及时回应公众对环境日常监管记录、处罚结果及后续整改等事项的查询，也要对敏感信息保持适度坦诚，不宜以笼统说辞替代具体阐释。修订现行《中华人民共和国政府信息公开条例》是关键一步，尤其在依申请公开的程序设计上，要尽量细化受理范围、明确办理期限，并完善信息检索、申请方式等具体流程。精细化的规范有助于提升农村生态环境监管的信息透明度，让更多社会主体准确了解执法执行效果以及资源分配情况。

3.完善农村生态环境信息共享机制

完善各方共享机制，需要在政治、经济和社会层面努力实现平衡，唯有兼顾不同主体的利益诉求，才能让信息交流更加持续和深入。战术性共享主要集中于技术细节或业务环节，可由上级机关主导，辅以政策社群或跨部门网络等行政手段，为基础设施建设提供必要支持。此种方式一般采取"无偿为主、适度有偿为辅"的供给模式，为短期内的信息互通创造便利。另外，战略性共享旨在推动全方位交流，需要调动更多主体的深层次合作积极性。政策社群、跨区域或跨层级政府网络、企业联盟及专业机构网络都应发挥各自优势，进一步整合数据渠道，完善流程衔接，并通过协商形成可持续的合作模式。多元主体、多维视角以及多样化渠道的有机结合，能够催生涵盖信息展示、数据增值、决策建议和业务管理的综合系统，实现从内容收集到应用服务的全面协同。

（二）建立协同治理的合作机制

协同与治理是协同治理的两个不可或缺的方面，协同是治理的前提和基础，治理是合作的目的，要顺利实现农村生态环境的协同治理目标，必须完善协同机制。① 从农村生态环境协同治理来看，要做到政府、市场、社会、民众的协同，就要建立合作机制。

1. 表达协同机制

政府、市场与社会等不同主体在开展农村生态环境改善工作时，需要在表达方式上实现有效协同。政府可以通过公文、讲话及媒体发布等形式阐述生态环境治理意图，也可以借助官方网站、自媒体平台，向其他利益相关者展现方针政策并收集反馈意见。政府还要建立对外沟通渠道，让企业或社会组织在第一时间掌握相关政策动向，进而保障信息互通。村民通常利用村民委员会这一纽带来向基层行政机构传达诉求，村民委员会则以代表身份向政府提交意见或建议，这种逐级传达的方式能够将村民关切相对集中地呈现出来。村民在遇到政府信息回馈时，也可通过村民委员会等组织获得及时回应，从而为多方协商构建顺畅路径。企业与社会组织可以直接通过网络平台或公开的政府信息发布渠道来表达自身的想法与需求。企业若希望积极参与农村生态环境协同治理项目，也能通过这些渠道递交投标意愿或技术支撑方案。社会组织同样可以通过线上线下多种手段，与政府相关部门展开对话，表达对于某些项目的意见或建议。各参与者在表达层面若能保持秩序，便能在矛盾产生时及时获得疏导，避免陷入沟通不畅导致的信任危机之中。

2. 决策协同机制

政府在传统生态环境保护环节往往承担主要决策职能，而其他主体的介入十分有限。政府基于地方发展需求，有时会在经济与生态利益之间做出偏向经济增长的选择，进而削弱对生态环境的保护力度。企业在追求利润最大化时，也会出现逃避污染治理成本的倾向。村民组织出于

---

① 曹姣星.生态环境协同治理的行为逻辑与实现机理[J].环境与可持续发展，2015，40（2），67-70.

第七章 农村生态环境多元共治主体协同治理的具体实践

保护本村利益的考虑，可能忽视对周边村庄生态环境的影响，甚至形成局部与整体利益的冲突。政府要在协同治理模式中承担引领职责，但要确保各类主体在决策过程中地位平等、权责明晰。政府在吸收和分析多方表达的基础上，综合考量可行的治理方案，并结合实际情况制定更具可操作性的对策。村民组织应主动了解各项信息，并在对数据信息充分掌握的前提下提出合理化建议，进而确保与政府实现高效配合。企业也需权衡长远利益与社会责任，依据生态环境部门的各项要求提出合规可行的治理思路。社会组织或专家团队可以提供专业支撑，包括方案评估、数据分析与技术指导。多方在集体磋商后做出的决定，更能兼顾经济发展与环境保护的整体需求，亦能在后续执行中赢得更广泛的认同。

3. 筹资协同机制

资金投入对于农村生态环境问题的解决具有重要支撑作用，只有保证必要经费，才能建成相应的环保基础设施并维系运营。政府财政投入一直是农村生态环境改善的主要来源，农村生态环境治理项目往往需要在购置设备、安装运行等方面投入大量资金，同时生态治理机构的日常运转、环保人员的薪酬也多依赖政府拨款。基层政府如果处于经济欠发达地区，财力紧张就会使环保项目难以得到持续支持，致使不少农村生态环境治理项目面临建成后无人维护的窘境。企业资金可以在一定程度上补充治理资金缺口，但企业对生态环境保护的投入往往难以获得理想的回报，因而缺乏足够动力。政府若想充分吸引企业进入农村生态环境治理领域，需要探索多元化的刺激手段。政府可以通过参股、控股或合资形式，让企业在项目中拥有更大的参与空间，从而分享未来运营收益。政府还可以利用行政奖励机制，帮助积极投入生态保护的企业获得良好的社会口碑，让它们在市场竞争中享有信誉优势。政府也可以赋予治理企业对部分可回收资源的处置权，让这些企业通过规模化经营获取经济效益。政府若能适度减轻环保企业的税费负担，或通过直接补贴方式降低企业的投入成本，也会促进企业更加踊跃参与。部分经济发展水平较高的村落已经尝试依靠村民自愿集资来支付环保设施运维经费，但若操作不当就容易演变为强制摊派，造成农户的负担。基层政府应对村民自治模式加大监督力度，确保自愿原则得到真正落实，避免给农户造成不合理的经济压力。

### 三、完善协同治理的激励监督机制

#### （一）完善协同治理的激励机制

激励手段是管理过程中的常规手段，合理运用激励手段，有助于提升各参与主体的积极性，从而促进治理目标达成。

1. 根据不同主体采取灵活多样的激励手段

政府需要针对各类主体的特性来确定激励手段，并善于运用物质或精神层面的奖励工具。政府可以在对公共事务进行考核时，给予表现优异的个人或集体适当的物质鼓励，也可以通过表扬、嘉奖或授予荣誉称号等方式，提高相关负责人的成就感。社会组织大多以公益为根基，政府宜重点采用口头表扬、评价提升以及重点推荐等方式，对其提供象征性的激励。企业往往将利润视为核心关注点，政府则可通过减免税费、优惠政策或金融扶持等形式，为其创造实际利益回报。民众通常不以经济收益为唯一考虑，政府或其他机构应着重给予他们更多尊重和精神鼓励，并在必要时结合适当物质激励，促使民众在参与生态环境管理时形成自愿和自觉的行动。政府还要围绕目标导向、榜样示范、利益分配和危机倒逼等方面，采用多元的激励方式。政府可以设定明确目标，把参与治理的积极程度与相应利益结合，可以扶持在生态环境治理中贡献突出的集体或个人，通过精神或物质的表彰来树立可学习的榜样，可以在资源配置时对协作方进行有针对性的倾斜，让他们更具参与意愿，还可以在一定条件下借助危机意识，激发各方对公共利益的维护行动，倒逼环境协同治理取得实效。

## 2. 完善绩效考核及环保问责机制

基层政府需要以客观、公正为原则，对参与农村生态环境治理的多方主体进行绩效评估，并将生态环境保护的实际成效纳入重要的考核指标。政府若能建立科学的评估标准，就可以对表现突出的单位或个人给予必要奖励，对未达要求者实施问责或惩戒。政府要在考核方式、指标和内容方面不断精细化，避免过度依赖经济增长指标，而应更加突出生态环境保护的成果。跨区域的农村生态环境治理更需要重视环保指标与社会效益的结合，若仅用经济指标衡量，就会偏离长远的生态考量。政府在环保问责体系的建设中，需要把责任层层落实到相关机构与人员，并将责任落实情况与机构及人员年终或任期考核直接挂钩。政府还要完善终身追责的制度设计，让在任或离任的管理人员都对环境问题承担相应责任。政府通过提高环境审计地位，可以督促相关部门与人员更加重视生态环境保护，降低牺牲环境换取短期利益的可能性。只有环保问责真正常态化、制度化，政府的管理群体与其他主体才会把生态治理视为持久工作，避免流于形式。

## 3. 善于运用经济激励手段

政府在农村生态环境保护领域应充分考虑税收等经济杠杆的作用，尤其是针对小型、污染程度高的企业，可以通过加大征税力度迫使其无法再以低成本、高污染的方式获利，从而加速落后产能的退出。政府通过差异化的税收政策，能够更好地鼓励清洁型与节能型企业发展，逐步提高农村环境质量。政府在面对缺乏环保设备和资金的中小微企业时，则要积极筹措环保专项基金，为有意愿保护生态环境但财力不足的企业提供融资扶持，政府也可以联合专家团队或科研机构帮助其制订合理的污染控制方案。政府若能通过这一方式促成企业转型升级，就能避免企业破产所带来的社会风险，并且在兼顾就业与经济稳定的同时提升整体环境绩效。政府还可以通过补贴等手段让环保投资得到合理的收益回报，激发市场主体参与生态环境协同治理的热情。

### （二）健全协同治理的监督机制

农村生态环境各参与主体进行协同治理，可以确保治理效果。但是在协同治理过程中，协同环节或者治理环节可能存在无法按照预定计划运行的情形，为此，必须健全相关监督机制，确保协同治理稳定有序运行。

1. 加大农村生态环境执法落实力度

政府部门要不断完善执法责任制，明确环保管理目标，把具体执法指标纳入基层岗位考核范围。执法机构应通过合理的评议制度，及时发现潜在的履职不到位问题，对不作为或少作为的人员依法依规进行问责，进而提高环境保护的实际成效。纪检监察机关还要督促地方行政机关提高执行标准，用文明执法和科学执法的方式保障农村地区生态治理成果。政府需要在多部门协调过程中，及时调和出现的执法摩擦或职责交叉，避免因权责不清而导致效率降低。各层级环保执法者应不断学习最新法规与专业技术知识，通过培训与考评相结合，提高个人业务水平，努力缩小执法水平差异。

2. 健全农村生态环境执法监督机制

在农村生态环境协同治理过程中，要确立科学有效的农村生态环境执法监督机制，以促进依法行使执法权，杜绝执法权力的滥用。具体来说，健全农村生态环境执法监督机制需要做好以下几点。

（1）要加强协同治理主体之间的双向或多向监督。政府机构必须依法监督企业、社会组织等主体在生态环境领域的履职情况，以此保证各方按制度要求开展协作。政府机构也要自觉接受监督。企业和社会组织需要对政府在决策和执行环节表现出的态度与成效进行监督，并通过提出建设性意见促使政府部门持续改进。民众同样拥有对基层政府的监督权，无论是通过电话、信箱还是网络平台，都可以就发现的生态环境问题进行举报或投诉，促使相关单位及时做出回应。多元主体还应相互监督对方在信息互通、目标认同、治理方式等方面的执行情况，并关注协同理念是否得到切实践行。此类跨主体的监督不仅能增进公开透明，还能在发现矛盾或纠纷时起到及时化解的作用，形成一套自我纠错和快速反应的监管闭环。

（2）要大力改进监督方式。政府及其他组织需要适应当前信息社会的发展趋势，善于利用互联网工具提升监督效率。网络空间拥有覆盖面广、更新速度快以及舆论影响力强的特点，只要合理运用，就可将农村生态环境的整治状况及时向公众展示。基层政府要学会利用微博、微信公众号、短视频平台及线上论坛进行环保执法和执行信息的发布，让社会各界随时掌握重点项目进度和执法动态。公众若能够通过线上渠道实时反映问题，也会加速监督信息的传递与处理，为纠正偏差赢得更多主动权。政府部门要充分认识到网络监督对于提升决策科学性、巩固执法公信力的正面意义，同时要掌握恰当方法，依法规制互联网上可能出现的虚假信息。利用新媒体发布治理成果与执法动态，可以让更多人关注农村生态环境保护的要点，激发更大的社会热情。政府与被监管方在网络平台上形成的互动交流，将构建更具活力的多方联动模式，从整体上强化对生态环境治理进程的监督和保障。

## 第五节 打通农村生态环境治理法治化路径

### 一、农村生态环境治理法治化基本路径

从农村生态环境治理法治化的衡量指标来看，农村生态环境法治是其最核心的显示性指标，其能直接反映农村生态环境治理法治化的程度。法治进程必须解决具体的现实问题。因而，推进农村生态环境法治进程，

需以解决农村生态环境问题为根本立足点。当前，农村生态环境问题主要体现在环境破坏、资源短缺和生态失衡等方面。应以法治为根本指向，解决现实中遇到的生态环境问题，这是进行农村生态环境治理法治化的基本路径。

（一）节约资源

生态环境破坏和资源短缺的一个重要原因就是资源浪费，因此要通过法治化不断推进节约资源，从根本上解决农村生态环境问题。早在中华人民共和国成立之初，党和国家领导人就已意识到我国现代化建设任务的艰巨性。我国一直倡导节约资源的风尚，攻坚克难进行现代化建设，充分利用有限资源。

在现代化建设的新时期，资源依然是制约经济社会发展的关键因素，要坚持科学立法、严格执法、公正司法、全民守法的方针，充分利用法治化带动全社会形成节约资源的新风尚，提升农村生态环境治理的科学性及实效性。

1. 节约水、土、林木等重要资源

水、土、林木等作为现代化建设的重要资源，在生态环境保护方面发挥着重要的生态系统服务作用。在节约用水方面，政府部门要以《中华人民共和国水法》等法律文件为依据，采取相应措施，并结合农村实际情况制定相应的制度规范，大力推行节约用水等政策措施。在各组织、机构、单位内部，要明确集体和个人的节水义务，进一步强化节水管理；加大力度推广节约用水的新工艺、新技术，促使农业、工业及服务业借助科技节约水资源成本，从而达到节水目的；通过集中供水，争取从源头上解决农村水质差、用水难等诸多问题，并根据不同区域农村的实际情况实行用水收费的制度，对在节约用水方面做出突出贡献的单位和个人给予奖励，并让这些单位及个人引领其他单位或个人共同参与到节水行动中。

第七章　农村生态环境多元共治主体协同治理的具体实践

除上述举措外，政府部门还要采取有效举措，涵养水源，保护植被，避免因水土流失和水体污染导致的水资源浪费情况。在土地的节约使用方面，要提前做好土地使用的空间规划，对农村土地的使用情况进行实时的网上监测。在林木资源的节约方面，要对集体林权进行改革，对林业资源实施市场化的定价策略，对林木的开采与利用要遵循其生长规律。

在相关产业政策方面，要实行有利于节约资源和保护环境的政策，限制高污染、高消耗的行业发展，同时要发展节能环保型产业，还要对产业结构、企业结构、产品和服务结构进行科学合理的调整，降低单位产值和单位产品资源消耗。由上述措施能够看出，法治化能有效解决资源浪费的问题，从根本上节约我国有限资源。更为重要的是，法治化能够使农村生态环境治理具有更为明确的指向性及长远意义。

2.回收及利用废旧物品

在中华人民共和国成立初期，为有效节约资源，我国发动全社会进行废旧物品的回收及利用，由此积累了一些宝贵的经验。例如，利用竞赛、宣传、定额等方式，调动群众节约资源的积极性，动员全社会力量进行废品回收。进入新时代，对废旧物品的回收及利用，应借助一些新的技术和平台，采取一些新的有效举措。

（1）更新回收理念。《中华人民共和国环境保护法》总则规定，公民应当增强环境保护意识，采取低碳、节俭的生活方式，自觉履行环境保护义务。废品回收举措能够大大降低农业、工业、服务业等生产成本，除此之外，更为重要的是，废品回收能够有效保护生态环境。大量废旧物品具有可循环利用的价值，这些物品闲置，不仅会占用大量土地资源，还会造成资源浪费，给农村生态环境带来沉重的负担，甚至还有可能造成生态的破坏和环境的污染。从这一视角来说，对废旧物品的循环利用程度越高，越有利于农村生态环境的有效改善和优化。

（2）拓展回收及利用领域。《中华人民共和国环境保护法》规定，县级人民政府负责组织农村生活废弃物的处置工作。政府要以节约资源和

农村生态环境多元共治主体协同治理的实现机制

保护环境为出发点,做好农村生活废弃物的处置工作,扩展回收及利用领域。鉴于此,各地区可根据自身具体情况,制定废弃物回收的具体规划,对废弃物实施分类安放、统一收购、统一处理。废弃物回收后可重新用于工业、农业生产环节,还可用于消费等领域。例如,废弃书籍、打印后的纸张等,可用作手工创意、书画练习等,经多次重复利用后可再次进入生产领域,此举可大大提高废旧物品的利用率。

(3)创新回收方式。在对废旧物品进行回收再利用时,要尽可能地避免按回收数量进行竞赛激励,以避免更大程度的资源浪费情况的出现。可选择在生态环保理念的指引下,按照废弃物回收效果和程度进行竞赛。例如,单位或个人,对于废旧物品的收集,都应进行分类集中和处理,以便后续分类利用。在废旧物品的回收过程中,单位或个人应积极影响并带动其他组织或他人,共同参与到废旧物品的回收及利用的活动中。对于得到社会或组织普遍认可的单位或个人,要及时给予充分的肯定或奖励。

在废旧物品的回收再利用过程中,各级政府要依据《中华人民共和国环境保护法》,统筹城乡废弃物回收,将危险废物集中处置。要根据现有的科技水平,尽可能采用先进的手段和方式,以保证生态环境安全。

3. 充分开发和利用可再生能源

《中华人民共和国节约能源法》规定,国家鼓励、支持开发和利用新能源、可再生能源。通常来说,可再生能源意指包括太阳能、风能、地热能等在内的能源。与煤炭、石油、天然气等能源相比,可再生能源具有清洁性和可再生性。清洁性有利于生态环境保护,而可再生性能为现代化建设节约大量不可再生能源的使用量。

依据《中华人民共和国可再生能源法》的规定,政府在推进农村生态环境治理法治化过程中,应立足节能和环保,在原有基础上继续开发和利用沼气、太阳能、风能,也要积极研究开发和利用水能、地热能等非化石能源。县级以上地方人民政府要制定可再生能源开发和利用规划,

第七章　农村生态环境多元共治主体协同治理的具体实践

建立和发展可再生能源市场，鼓励多种所有制经济主体参与可再生能源的开发和利用工作，政府相关部门应依法保护可再生能源开发利用者的合法利益。对农村地区的可再生能源利用项目，政府相关部门应为其提供必要的财政支持及政策倾斜，根据不同地区的实际情况，可因地制宜地推广使用沼气等生物质资源转化能源、小型水能、小型风能、户用太阳能等新技术。在新能源的开发和利用的过程中，既要关注新能源的清洁优势，同时更要注意新能源在使用过程中存在的各类风险，应尽可能将隐患消除于萌芽状态。可出台有针对性的新能源风险防范措施，及时防范并处理农村新能源开发和利用过程中可能存在或已出现的生态环境安全问题。

4. 提倡并强化非物质化

通常来说，非物质化意指逐步减少物质材料的使用，非物质化可最大限度地节约资源。社会经济发展，政府应不断对产业结构进行优化，通过税收、财政等鼓励以生态环保为基础的第三产业的发展，从总量上减少物质的消费。在产业发展的具体过程中，各参与主体应根据《中华人民共和国清洁生产促进法》，逐步减少生产过程中的原材料使用，并提高原材料的利用效率，要尽量避免或减少消费过程中及消费后的废弃物产生量，并提高各种废弃物再利用率。通过科学设计及对产品品种和规格的合理规划，基于非物质化目标，同时辅以各项措施及制度以保证产品品质与质量，可有效提高产品的耐用率，如此可大大减少资源消耗总量，并能减少产品中含有的有害物质，从而大大降低对环境的污染和破坏程度，减少废弃物以适应生态环境承载力。非物质化与经济领域有密切关联，同时与社会领域、政治领域、文化领域的理念和实践息息相关。适度消费、低碳消费和无纸化办公等各种非物质化的措施，充分体现出人民群众对美好生态环境的迫切需求，这也是农村生态环境治理过程中节约资源的一个重要途径。

### （二）环境保护

体现农村生态环境法治化成效的重要指标有包括水、土和大气生态环境等在内的生态环境质量。在推进农村生态环境法治化的进程中，要针对人的生活及生产实践采取多种有效举措，积极预防生态环境被破坏，不断提升农村生态环境保护力度与广度。

1. 加大对乡镇企业的治理力度

农村的乡镇企业自20世纪90年代以来进入了快速发展的轨道。直到目前，乡镇企业依然是农村经济发展的重要组成部分，但从生态环境角度来看，乡镇企业对农村生态环境的污染问题一直存在。保护农村生态环境就需要对乡镇企业不科学、不合理的发展问题进行有效解决。

（1）让环境影响评价成为乡镇企业发展的重要衡量标准。乡镇企业的技术进步速度较慢，普遍存在着投入大、产出少、污染重的现象。而对其进行环境影响评价，能够有效减少其给农村生态环境带来的影响和破坏。如一些乡镇采矿企业未进行科学合理的环境保护规划，在施工过程中更无具体的环保措施，这便对矿产资源造成了重大浪费，同时可能导致水土流失及水体污染。而一些高污染企业，其运行也会给农村生态环境带来污染及破坏。若事前对这些企业进行环境影响评价，便不会出现后续一系列污染生态环境的情况。在农村开发区建设企业时，应根据当地的环境资源状况进行，分析可能带来的负面影响及存在的风险。对即将建设的项目，应依法对其进行环境影响评价，只有符合环境保护标准的项目才能最终投入运行。

（2）始终坚持"三同时"制度。"三同时"意指建设项目中的防治污染设施必须与主体工程同时设计、同时施工、同时投产使用。乡镇企业在投入运行时，应同时做好污染防治的相关准备工作，对有害物质的排放要进行严格控制。若乡镇企业在建设或生产中不能有效地坚持"三同时"制度，便可能会给农村生态环境带来影响或破坏。例如，一些小型造纸厂在生产过程中没有集约化生产的规划,对污水不做任何处理,消耗大量水资源及原木资源,将污水直接排入江河湖泊。又如,一些瓷窑厂在生产过程中没有设置除尘措施,造成农村酸雨的产生,由此而加重了空气污染程度。只有将"三同时"制度落实到项目设计、施工和投产过程中,才能真正实现项目运行与环境保护设施运行同步。要想让"三同时"真正落到实处,就要辅以更多配套措施,以保证乡镇企业将该制度落实到位,如此才能真正提升农村生态环境质量。

(3)在重点区域严格控制高风险、高污染企业。农村地区是保证我国粮食安全的重要基础,也是保证我国生态安全的防线。高风险、高污染企业即便通过环境影响评价流程,同时采取了一定的防范措施,仍有可能存在诸多不可预知的风险。在粮食主产区、生态涵养区等一些重点区域,要通过严格的制度和严密的法治,控制高风险、高污染企业投入生产。归根结底,就是要做到从源头防范、过程监督、结果处理入手,将各环节进行有效衔接,避免农村生态环境受到长期的、持续性的破坏。

2. 加强农业治理

对于农村经济发展来说,农业是重要的支柱产业,农业还具有重要的生态环境保护功能。加强农业治理,对农村生态环境保护具有重要的意义。

(1)禁用高毒、高残留农药。为保护农村生态环境,在农业生产过程中,必须禁用高毒、高残留农药。在高毒、高残留农药的生产源头上,应通过制度设计,禁止这些危害严重的农药。停止对一些高毒、高残留农药的受理登记,还要撤销高毒、高残留农药应用于果树的登记等。借助各种措施帮助农民提高土地肥力及病虫害的治理能力,以减少农业生产对高毒、高残留农药的需求量。通过违法方式生产、销售和使用高毒、高残留农药的行为,有关部门要依法进行严厉惩处。

(2)科学合理施肥。在农业生产过程中保护农村生态环境,需要进行科学合理施肥。对供给侧进行改革,在绿色环保肥料的生产和销售环节加大支持力度。在农药的施用环节,要进行测土配方施肥,通过各种方式提高肥料的利用率,最大限度减少因肥料流失而造成的环境污染情况。科学合理施肥需要有效的制度保障和配套的技术支撑,还要综合考虑肥料的实际需求。法治化要结合农业生产的实际状况及农民的切实需求,各种举措才能真正落到实处。

(3)关注农业衍生物的回收与利用。农业衍生物包括塑料薄膜、作物秸秆等。当前农村空气污染的重要来源之一为秸秆燃烧,因此要尤其关注农作物秸秆的回收和利用问题。以往通过罚款、劝说等传统治理手段,只是对秸秆燃烧进行单方面的禁止,而不能从根本上解决问题,还需要将法治手段与绿色发展结合起来。

从秸秆的用途来看,其可用来生产牲畜饲料,可作为酿肥重要的原材料,可用来生产沼气。再结合农村发展的实际需求,通过制定相应的保障制度,配以相应的技术支持,可让秸秆应用于农村生活和生产的诸多方面,让其发挥更大作用。对于农药药瓶、农用薄膜等农业生产过程中的其他污染源,也要进行科学有效回收和利用并合理处置,防止其对农村生态环境造成不同程度的破坏。

3.强化农村畜禽养殖业治理效果

畜禽养殖业是农村发展的重要组成部分。在养殖过程中,畜禽粪便不合理排放问题造成了农村水、土及空气污染问题的发生。推进农村生态环境法治化进程,保护农村生态环境,就要重视农村畜禽养殖业的治理。从治理对象上来看,其包含畜禽养殖场及养殖企业,农村养殖户也应被纳入治理范围内。对于形成一定规模的养殖企业,政府应秉持预防为主的原则,对厂址进行选择评估、排放过程监测、排放问题控制,对因废弃物排放导致不良后果的要依法进行处理。对畜禽散养的农户,要定期对其进行政策宣导,为其提供技术帮扶等,激励其对畜禽粪便进行回收和利用,并使其具有环境保护的意识。

#### 4. 重视农村旅游业治理

近些年，农村旅游业正处于快速发展中，由此也为农村生态环境带来了诸多问题。有关部门要加大对农村旅游业的治理力度。

（1）旅游景点的开发要遵循自然法则。老子曾言"道法自然"，就是要遵循自然之法。在开发和规划旅游景点时，应当充分考虑所涉及的水资源、土地资源、空气资源等因素。政府应出台鼓励农村根据自身自然条件开发旅游资源的相关政策。对于水资源丰富的农村地区，可着力开发其水文化旅游资源；对于有丰富林果资源的农村地区，可重点开发其观光农业旅游资源；对于有丰富沙资源的农村地区，可侧重开发其沙文化旅游资源。对于未能根据自然条件而开发农村旅游的地区，可通过各种因地制宜的举措做到提前规划、提前预防与及时治理。要杜绝不遵从当地实际状况而自行盲目开发或强行开发的行为。

（2）增加景区内部的环保配套设施供给。在农村旅游景点开发过程中，最突出的生态环境问题就是游客所经地点，随处可见的果皮纸屑、饮料瓶、塑料袋等垃圾留存。这些地点包括草原、沙滩、林区等。这些问题的出现有多方面原因，游客环保意识薄弱、景区相关服务设施配给不足、环保配套设施供应不足等。垃圾桶数量不足，垃圾处理设施及体系不完善等，均是当前农村地区发展旅游业应注意的问题。

基于以上出现的各类问题，当地政府应从制度上进行有效管理，奖励文明行为，为公众树立典范，加大力度保障景区内部的环保配套设施供给，以最大限度满足生态环境保护的需求，让具体需求与景区的供给真正实现有效联结。

（3）加大旅游景点周边环境保护的力度。在一些农村地区，只有景区内部注重生态环境保护，而在其他区域，特别是特色产品销售区域或是为游客提供食宿的区域，一般环境保护的状况较薄弱，存在着废弃物随意丢弃、污水横流的现象，这些状况影响了景区整体环境及景区在游客心目中的形象。这些破坏景区生态环境的状况还成为农村生态环境的破坏点，更容易由点到面，影响更大的范围。

基于此，政府应积极出台相关政策措施，以加大旅游景点周边环境保护的力度，实现旅游景区内部及外部环境保护的联动效应。只有真正将景区与其所辐射的区域均列入生态环境保护的范围，才能通过全面而系统的环保政策或举措对整个农村区域进行综合性的生态环境保护。

5. 加大农村人居环境整治力度

从某种程度上说，居民在经济发展过程中对生态环境的保护程度可以从该区域人居环境体现出来，明显的表征是人与自然之间的关系。通过法治化手段来加强农村环境治理是其中一个重要的方式。

（1）推行村庄绿化工作。对于农村生态环境保护工作来说，树木和草地有着重要的意义。农村地区拥有良好的生态环境基础是村庄的绿化程度。由此来看，政府可提前对村庄绿化工作进行全方位规划，需全面考虑村庄的实际面积和住房数量等直观数据方面的具体指标，并以此来确定村庄实际的绿化面积。具体来说，政府可从三个方面来开展工作。第一，确定村庄内每户的绿化面积，并规定不准任何单位或个人随意破坏；第二，当地政府可鼓励村民自愿在自家房前屋后、村庄间空地或是农村公路两侧种植适宜当地生长的乔木、灌木及草本植物等优良品种，以净化村庄空气，涵养当地水源，美化村庄；第三，出台相应政策保护当地益鸟，同时保护当地生物的多样性。益鸟可捕捉或铲除大量害虫，从而降低或避免大量农药的施用。

（2）集中处理生活污水。农村中产生的大量生活污水，随意排放会造成严重的水体污染，让土壤发生硬化，土壤肥力会大大降低。随着农村人口的增多，一系列更为严重的环境问题可能会更加突出。为有效解决问题，有关部门应建立并健全污水集中处理的制度，在农村集中兴建污水处理设施，同时要选派专人定期对设施进行检修。在农村地区铺设地下污水管网，将污水汇集到污水处理中心进行处理，从而避免大量生活污水对农村地区水体造成污染。

(3）集中处理生活垃圾。农村生活垃圾包括厨余垃圾、废弃厕纸、废旧衣物、电子产品等。一些农村居民采用焚烧的方式处理生活垃圾。需要特别注意的是，生活垃圾在焚烧的过程中，会产生有毒有害气体，这些气体会影响空气质量，还会对人体造成很大的损害。

基于此，政府可通过广泛的宣传和教育，呼吁农村居民对垃圾进行分类处理或是进行分类堆放，并按要求将已分类的垃圾分散到不同的处理地点进行处理。如对于废旧衣物，要集中到农村指定回收利用的地点，由专门回收利用的机构或企业集中进行回收、拉运；对于人畜粪便，需集中收集到指定地点，进行堆肥处理或是作为生产沼气的原料。只有提升农村居民的节约环保意识，并依法对各种生活垃圾进行集中处理，才能避免随意焚烧、掩埋等不当处理方式的出现，最终才能提高垃圾处理的无害化程度。只有从源头上进行治理，才能从根本上消除垃圾污染对农村地区造成的影响。当地政府在对垃圾处理方式进行管理时，可通过治理与疏导相结合的渠道，避免"一刀切"所带来的治标不治本的短期治理效果。

6. 提高农村城镇化治理水平与能力

城镇化作为农村现代化发展的重要方向，长期在农村生态环境保护中占有重要地位。依法对农村城镇化进行治理，是农村生态环境治理法治化的基础。

（1）以农村特色产业为重要依托。农村地区产业发展是城镇化发展重要的经济支撑。基于此，政府要借助当地有利的自然条件支持并大力发展特色产业，增加村民就业，为生态可持续发展提供有效通道。农村城镇化有了特色产业作为支撑，就具备了坚实的经济基础，可有效避免农村发展"变形"、城镇"空心化"、农民"失业"等一系列问题。

（2）城镇化与环境保护相协调。城镇化的生态意涵即环境美好的城镇化。政府在农村城镇化的过程中，应做好环境保护规划及环境影响评价，尽量避免快速拆建及大拆大建。开展这些工作需要尊重自然发展规律,即在已具有的条件基础上,依靠山水之势,依照村庄现有的布局不断进行完善,切不能将农村原有的建筑和设施全面推倒或全面弃置。在规划和修建的过程中,应做好长远规划,最大限度延长建筑和设施的使用年限,节约能源及其他资源,并提供与建设相适应的环境保护的配套设施。

(3)规避农村居民的不当行为。有人的城镇化才是农村城镇化真正的意义所在,人的因素是农村生态环境保护的重要助推力。在农村城镇化的过程中,可通过宣传和教育等方式,不断强化农村居民生态环境保护的意识,改变农村居民的不当行为。实施各种举措,避免农村居民非生态化的行为。

对于农村居民"为拆迁而建房"的不当行为,当地政府有关部门应对其进行有效引导,规避其浪费建筑资源、侵犯国家利益的行为。对于农村居民为了拿到更高拆迁费而大建房屋的不当做法,政府要从政策上做好设计,并做好配套的宣传、推广工作,还可通过高科技手段,在第一时间发现问题苗头,全面做好农村居民住房情况的前期调查研究工作及数据采集工作,并如实一一记录在案。而对于在政策宣传后,及数据调研后仍然兴建房屋的村民,应依据具体情况给予相应的处理。切忌仅依据居民房屋面积来进行拆迁补偿,这会助长不良兴建的风气,此类不当行为既浪费大量资源,还会对环境造成污染。

### (三)生态修复

农村生态环境问题的重要表现是生态失衡。农村生态环境法治化进程要解决生态失衡问题,需要在生态修复的过程中推进法治化工作,促进自然生态系统实现自我修复,最终达到借助自然界自身之力提升农村生态环境质量的目的。

1. 推行农村土地休养生息制度

土地是农业发展的重要资源,是构成农村生态环境的重要自然因素。

政府应就严重的土地污染、优质耕地逐年减少等问题，推行农村土地休养生息制度。农村土地休养生息制度有利于土壤生态的自我修复，农村生态环境质量进而将得到显著提升。

（1）推行耕地轮作休耕。以往一些地区长期以来片面追求粮食增产增收，农村耕地长时间超负荷运转，得不到有效的休养。这一状况导致农村生态环境失衡、耕地肥力下降，更为重要的是不利于粮食的可持续生产。鉴于此，应实行耕地轮作休耕制度，即根据自然规律，让耕地定期换一种耕种状态，在耕种某种粮食作物与其他粮食作物间进行适度更替，在耕种粮食作物与耕种其他绿色植物间形成适度更替，让耕地能够定期处于不同的耕作方式中，让土壤中的养分及其他物质有循环调整的过渡时间。

（2）耕地临时退耕。不合理的耕作方式可能会导致耕地退化或是污染的状况。政府可实行耕地临时退耕制度，如在一些重金属污染的区域、荒漠化地区、坡度超过25°的区域，可推行还林还草行动，使土壤暂时退出耕作状态，从而为更好地进入耕作状态积蓄能量和创造必要条件。在临时退耕的时间内，要依据相关制度规范对农民进行适当且合理的生态补偿，以保证农民的经济权益不会因此而受到损害。

（3）牧地还草退牧。一些牧区的荒漠化现象让当地生态环境遭到破坏。政府应通过宣传、教育等方式，让牧民认识到退牧还草工作是为了更好地发展牧区的畜牧生产，通过各种方式最大限度争取牧民支持。对于植被覆盖率低、水土流失严重的牧区，要坚决实行还草退牧制度。有关部门在行政执法的过程中，针对一些实际问题要灵活处理，要尽可能站在牧民角度考虑实际问题。要为畜牧业发展提供更多的可替代性的保证，一切工作的出发点是为了更好地提高牧民的生产生活水平，要配以有力的政策支持。

2. 加强农村水利建设

当前，我国农村依然存在沙漠化、盐碱化、水土流失等问题。这些问题的存在导致一些植被减少、农业灌溉更加困难，农村生态系统失衡。针对上述问题，并基于农业发展规律，进行农村水利设施建设是生态修复的重要举措。农村水利设施建设还能有效保证农业增产。

在农村兴修水利工程，应做好环境保护规划，并依据自然条件，让水利工程与江河湖泊等形成良好连接，保证水系畅通和自如调控，同时兼顾排蓄能力。需要注意的是，兴建农村水利工程，要同时关注生态灌区建设。生态灌区不同于传统灌区，其需遵循人与自然和谐发展理念，要注重灌区系统内部的生态平衡问题，同时要关注水资源的节约利用和水文化的发展。生态灌区有较强的生态服务功能，能够涵养水源，避免水土流失，调节区域气候，净化水质，维系当地生物多样性，对农村生态环境修复具有极为重要的作用及意义。

3. 推进农村水体休养生息

目前，农村水污染、水生态系统失衡等问题依然存在。要更好地修复水生态，就要积极借助自然界自我修复和更新的力量，不断推进农村水体休养生息，主要从三个方面着手。

第一，为水生态平衡制定红线。超过生态红线的水域，应根据实际情况，让部分产业退出，或是让产业整体退出。在农村水体恢复正常标准后，要严格采取产业环评及污染防控措施，以防水体再次遭到污染或破坏。

第二，要实行多样化的水产养殖方式。若长期养殖同一种水产品，就会让水生态营养失衡或是影响水生物的多样性。应根据生态学原理，在进行农村水体休养生息前，做好多样化养殖的规划和设计，通过水生生物链实现水体净化。

第三，要加强农村湿地建设。湿地具有调节水生态、处理污水、改善水环境的功能，能在农村生态环境保护中发挥"肾脏"作用。可在做好前期调研准备工作的前提下，充分尊重民众意愿，依法实施湿地建设，避免湿地建设的半途而废。

### 4.加强农业气象服务及农村气象灾害防御体系建设

2010年,中国共产党中央委员会一号文件提出,要健全农业气象服务体系和农村气象灾害防御体系,让气象服务于"三农"。从本质上来看,农业气象服务体系和农村气象灾害防御体系建设对农村生态环境保护有极为重要的意义,是有力的生态防御措施。建设农业气象服务体系与农村气象灾害防御体系,能够提前预防洪水、高温、冰雹、泥石流、雾霾及台风等灾害,大大减少灾害对农村生态环境造成的破坏。

农村地区有气象主管机构,其所属气象台或气象站应当按照职责划分,向社会发布气象预报及灾害性天气警报,并根据天气变化情况对所发布气象信息及时修正或补充。为保证气象预警的真实性和科学性,其他任何组织或个人不得向社会发布气象预报或灾害性天气警报。

## 二、农村生态环境治理法治化保障路径

农村生态文化、生态经济、生态政治、生态社会是农村生态环境治理法治化的分析性要素,农村生态环境治理法治化程度与各分析要素的发展水平有紧密关联。提升生态文化、生态经济、生态政治、生态社会的发展水平的过程,就是推进农村生态环境治理法治化的过程。这是一个相互促进、相互推动的过程。在法治化的引领下,大力发展生态文化、生态经济、生态政治、生态社会,是推进农村生态环境治理法治化的四个主要保障路径。

### (一)发展生态文化

生态文化所倡导的是人与自然和谐共生的文化。在推进农村生态环境治理法治化的过程中,通过法治思维的引领,提升生态文化水平,能够为农村生态环境法治化提供更为坚实的思想文化保障。生态文化与生态环境法治化协同发展,将"法治"与"德治"相结合,是农村生态环境治理方式的最佳融合方式。

### 1. 加强生态文化教育

人的生态文化素质并非与生命诞生相伴而出现的,需要借助教育的过程,进行后天培育。从人的生命发展轨迹进行分析,生态文化教育的重要场所包含家庭、学校和社会。

(1)关注家庭教育。人从一出生就会面对自己的家庭,人的整个成长过程几乎都处在家庭的环境中。加强生态文化教育,最重要的就是侧重家庭教育。基于此,要充分发挥家庭在生态文化教育方面特殊的正面作用,重视生态文化代际传递。借助传统媒体与新媒体协同配合来宣传家风的重要性,如选择植树节、劳动节等具有特殊意义的节日,有目的地组织家风传承的家庭活动,并由此形成制度。具体活动内容可包括在日常生活中潜移默化、以小见大地形成生态环境保护的家风,开展环境友好型家庭与资源节约型家庭的评比活动,父母为孩子讲述一个关于农村生态环境保护的真实故事。这些活动能够影响人们日后的生活和生产实践。每个家庭都能发挥自己的家族优势,形成不断传承的家风,这对于生态文化的培育与传承具有重要意义。

(2)重视学校教育。除家庭之外,每个人都将在学校度过一段重要的学习和成长的时光。学校在生态文化教育问题上发挥着重要作用。政府应设定明确的目标,对课程进行相应调整,在小学、初中、高中、大学的生态文化教育过程中形成阶段性、渐进性、持续性的教育链条。要不断加大师资培养力度,鼓励校方不断创新教学方法,以适应学生的学习习惯,不断培养学生的绿色消费意识、生态环保意识和科学发展意识。学校应定期组织学生进行各种社会实践活动,将理论与实践进行有效对接,将学校教育与家庭教育进行有效衔接,从根本上提升生态文化教育的效果与水平。

(3)重视社会教育。在学校教育之后,学生会步入社会,投身社会实践当中,能够在各个岗位推动农村生态环境治理和保护工作向前发展。全社会要营造生态文化素质教育的良好氛围,可在广大农村地区兴建图

## 第七章 农村生态环境多元共治主体协同治理的具体实践

书馆,由政府出资或以自愿捐赠的方式采购生态文化类书籍。开展各类全民阅读、讨论、交流等文化宣传活动。还可通过网络平台,利用新媒体的即时覆盖的优势,随时随地进行生态文化教育。企业、社会团体、事业单位等,可利用政策支持、物质奖励或荣誉嘉奖等方式,鼓励从业者不断积累生态文化底蕴,提升生态环境保护意识与能力,在具体工作实践中,为农村生态环境治理和保护提供完善服务和智力支撑。

2. 侧重生态文化供给

为满足社会对生态文化的需求,为农村生态环境多元共治主体的协同治理提供动力支撑,需要侧重生态文化供给。

(1)生态文化产品供给。当前,我国文化产品供给较为丰富,数量较多。但从产品结构上具体分析,文化产品以中低端居多,而有利于农村生态环境保护的、高端的文化产品占比较低。文化产品的这一发展状况不但不能满足公众生态文化的消费需求,也不利于公众从消费角度践行绿色消费理念,不利于公众从实践环节支持农村生态环境治理。

若想有效解决农村生态环境问题,就要通过供给侧改革,将供给端与需求端进行有效衔接,生产出更多与公众实际需求相适应的生态文化产品。

在制度设计上,要严格把控生产源头,鼓励相关企业将主要精力投入生产高质量、生态环保的生态文化产品。

(2)生态文化服务体系和服务设施供给。产品的供给需要一整套完善的服务体系和服务设施供给。基于此,政府应出台相应的激励政策,并加大在技术、资金和人才等方面的支持力度。在充分全面调查的基础上,要针对农村各地区的实际情况,充分利用本地区的独特资源,加大博物馆、图书馆、文化馆、自然保护区等生态文化服务基础设施的建设比重。条件允许的地区,还可以兴建生态文化产业园区,通过创新、研发、生产、销售等一体化流程,形成完整的生态文化产品供给链条。成功地区可为其他地区提供生态文化实践的宝贵经验与成功范例。

生态文化供给不应只在有形的空间中传播，还应在无形的意识和思想上扩大自身的影响力和传播力，要更加关注互联网在生态文化供给中的作用。如今，我国网民数量已居于世界首位，农村网民的数量也保持着快速增长势头。网络既具有通信和社交的功能，又是生态文化产品和服务的重要平台。在服务供给方面，网络作为无形的传播空间，其能快捷和便利地提供各种信息，能突破有形空间的局限性，为零散分布在各区域的农村提供即时的信息产品和服务。

虽然现今我国网民数量包括农村网民数量较多，但一些农村地区还存在未接通互联网的情况，这对当地生态文化发展来说，是一个重要的制约因素。需按照循序渐进的思路，做好农村地区的互联互通规划，采取资金筹集、信息技术支持、人才政策倾斜等一系列措施，有条不紊地推进农村互联网建设。

农村借助互联网技术，可广泛宣传和普及生态文化，推广生态文化产品和服务。在互联网空间中，家庭、学校和社会能够充分互联互通，凝聚生态文化发展的力量。要为公众提供更为丰富而全面的生态文化产品和服务，就要时刻以公众的生态文化需求为核心，彻底打开思路，对服务模式和服务思维进行创新。基于此，需要对生态文化服务体系进行有效评价，从服务的广度、深度和有效程度几个方面进行衡量，为后续工作打下扎实基础。

3. 促进生态文化交流

在开放的、循环更新的生态环境中，生态文化并非独立存在的，其需要不断吸收外界的信息和资源，以不断完善自身的文化内涵。只有不断丰富和更新的农村生态文化才能适应时代发展的需求，才能可持续地向前发展。

（1）拓展生态文化交流范围。拓展生态文化交流的空间和范围，既需要关注国内交流，也需要充分兼顾国际的沟通与交流。国内生态文化交流主要包括农村与城市的交流、农村之间的交流及农村内部的交流。

从国际生态文化交流层面来看,其主要包括国家、单位、个人,与各国际生态环保组织、跨国公司、国际友人等的交流。2015年,在世博会上,江苏省张家港市南丰镇永联村参展,这一农村参与生态文化国际交流的成功案例,是后续国际生态文化交流活动的典范。

(2)完善并拓展生态文化交流平台。完善并拓展生态文化交流平台主要可从两个方面开展工作。第一,借助传统媒体进行生态文化交流,如书刊、报纸等。传统媒体有多年宝贵的运营经验,已形成一套较为成熟的交流沟通机制,尤其是在内容交流与质量交流上具有较高的知名度与可信度。不管是对外宣传,还是对内交流,生态文化交流都需借助大众认可的、主流的传统媒体提供的平台。第二,要充分利用手机等各种移动终端、车载移动电视、楼宇电子屏幕、数字互动电视等新媒体形式进行生态文化交流。新媒体具有数字化、交互性和即时性等特点,在生态文化交流方面有着传统媒体不可替代的优势。当下,短视频平台、微信、微博、QQ已是人们工作和生活中几乎不可缺少的沟通交流方式,包括数字互动电视的栏目点播在内的交流方式,均成为信息扩散及交流的主要平台,在生态文化交流中发挥着越来越重要的作用。

(3)促进生态文化交流方式的多样化。生态文化交流方式的多样化在很大程度上决定着生态交流的实效性。国内交流领域需形成常规交流的机制。例如,利用电视、报纸等传统媒体对农村生态文化进行日常宣传与推广,利用互联网进行乡村生态旅游节目展播和美丽乡村的评选活动等。在借助媒体进行宣传的同时,要利用实地考察、乡村旅游、组织参观学习等活动,让农村生态文化在人与人之间、个人与群体之间、不同群体之间进行直接交流,并在充分交流后,利用各个传统媒体平台和新媒体平台对其他个人和群体形成辐射效应,从而实现农村生态文化的间接交流。在国际生态文化交流领域,要从典型的、特殊的交流方式逐步向常规交流过渡。可借助对外交流的机会,举办生态文化艺术展览或画展等,从国内外不同风格、不同流派的艺术作品中了解、学习和借鉴生态环境保护的相关信息，为我国农村的生态文化发展补充新的内容。

定期与其他国家共同举办生态文化年和生态音乐节、艺术节，通过音乐、舞蹈、话剧等艺术形式与国外艺术团体或艺术家开展各种生态文化交流活动。在发展农村生态文化过程中，要做到扬长避短，兼容并包，在不断自我丰富、创新和尝试中向前发展。

政府可通过出台政策鼓励农村居民（个人或集体）、生态环境保护从业人员、相关企业、生态环境保护团体、各类艺术团体等到国外考察、参观、学习、旅游，了解和学习有益于农村生态文化发展的成功经验及方法，以此提高农村生态文化的影响力，并激发其生命力，为农村生态环境法治化发展积累正能量。

### (二) 发展生态经济

所谓的生态经济，就是生态环境与社会经济协同发展的经济形态。这不同于传统的发展路径，生态经济选择的是一条绿色发展的道路。农村在推进生态环境治理法治化的过程中，以法治引领，提升生态经济水平，能够为农村生态环境法治化打下坚实的物质基础。从本质上来说，发展生态经济的过程，就是农村生态环境治理法治化的过程。生态环境法治化可与生态经济协同发展，将"法治"与"绿色发展"充分结合，能够实现环境保护与经济发展的双赢结果。

1. 降低自然成本

传统的经济发展模式几乎不会考虑到自然成本的因素，这就容易造成环境破坏和资源过度消耗情况的出现。通常来说，水资源浪费同水资源紧缺和水环境污染等情况相伴而生，土地资源浪费同土地资源紧缺和土壤环境污染交织在一起，森林资源浪费同林木资源紧缺和水土流失共同存在。这说明一种生态环境问题往往不会单独出现，伴随而生的还有其他生态环境问题，并且几种生态环境问题同时出现会产生较大影响。这些状况均表明，在以往的经济发展模式中，自然成本普遍较高。

## 第七章 农村生态环境多元共治主体协同治理的具体实践

要最大限度降低自然成本,就要通过政策宣传或宏观调控等方式,使生产企业和个人意识到较高的自然成本所带来的负面影响。

第一,根据市场需求状况,适当上调不可再生资源的价格。不可再生资源随着人类的使用,将会日趋紧缺,这就会导致资源价格的上涨,要发展经济,就要降低自然成本。通过法治化手段的约束,生产者需要从源头上减少对不可再生资源的使用量,将节约水、电、土、矿产等自然成本的重心放在生产端。在生产过程中,要形成循环发展的路径,充分利用单位能源。在充分保证生产端和过程端节约资源的前提下,还要综合考虑废弃物的回收和利用问题。生产中的各个环节都要做到充分节约自然成本,这既符合生产者自身的经济利益需求,也能有效避免资源浪费所带来的环境污染问题。

第二,提高生态产品的质量标准。生产者必须有此意识,即受到污染的资源会导致自然界可供使用的优质资源日趋减少,这将直接导致企业所生产出的产品质量降低。只有生产出优质的产品,才有可能赢得市场。企业提高产品质量,就能有效地延长产品的使用寿命,使得产品能够重复多次地长期使用。这是节约自然成本的一种有效方式。

第三,加强对生产者排污行为的监督与管理。对相关企业提高环境质量的要求,加强排污的监督管理,能促使企业节约自然成本。在企业的生产环节,所投入的资源越少,最终污染物的排放量也会相应地减少,进而降低环境治理的成本。

第四,政府可出台鼓励技术创新的相关政策。在生产资源源头、生产过程中、废弃物的回收和利用等环节,都需要相应的技术支持。政府应提出配套制度,鼓励市场根据具体需求自主研发技术,并为后续技术的使用和推广提供必要的条件和支持。只有借助全方位的举措降低自然成本,才能最大限度地提高农村人均绿色 GDP,以提升农村生态经济的发展水平和质量。

2.优化升级产业结构

产业结构科学合理能够改变资源的高消耗状态,同时对农村生态环境保护起到积极的促进作用。

(1)提高第三产业占比。从发达国家的经济发展状况来看,想要优化农村产业结构,需要在第一、第二产业健康发展的基础上,适当提升第三产业的占比。产业结构的优化不能简单地以三次产业的比重进行衡量,而应在科学合理的基础上,侧重三次产业的发展质量。由此,要因地制宜地规划产业发展。宜农地区要以农业为主导,宜工地区要以工业为重要支撑,宜商地区要以商业为发展根本。

在第三产业内部,要遵循适宜性原则,宜发展旅游的地区,则应重点发展旅游产业,适宜发展物流的地区应大力发展物流运输业,适宜发展教育的地区则应重点发展教育事业。不管适宜发展哪个行业,要重点发展这一领域,还要与其他领域协调配合。需要注意的是,不能脱离地方资源优势和特点,盲目提升第三产业比重,也不能简单照搬照抄其他地区发展模式。否则,很难保证经济发展的质量,也会浪费更多的资源,对农村生态环境还会造成更大的影响和破坏。

(2)促进农村多产业融合发展。在适宜的基础上,对产业结构进行优化,促进农村多产业融合发展。目前来看,一些农村地区发展产业还较为单一,或是主要侧重于种植业、养殖业,或是单纯以旅游业、工业为基础。但单一的产业结构不利于循环经济的发展,也不利于形成完整的产业链条及农村生态环境保护体系。在宜农区域鼓励发展以农业为主导的产业,实现种植业、加工业、养殖业、旅游业的整合发展。在宜工区域鼓励发展以工业为主导的产业,将一些具有高度相关性的产业和企业进行深度关联,实现产业间及企业间的资源循环利用。在宜旅游区域鼓励借助旅游业的带动效应,融合餐饮、购物、交通、房产、物流、通信等多个产业。借助多产业融合的发展方式,促进当地资源的充分、高效利用,并由此形成更大的循环系统,节约自然成本,获得生态和经济的双重收益。多产业融合的优势更在于规避了农村经济发展单一化的固有模式，同时促使农村居民多元化发展，寻求更丰富的发展道路，进而为农村生态环境治理储备多元化人才，在农村各产业发展中发挥更加重要的作用。

（3）促进绿色环保产业的发展。环保产业的重要特性为节约资源和保护环境，其具有跨区域、跨产业等特点，能对农村产业结构进行充分优化。政府可利用财政、税收等配套政策，鼓励并扶持绿色环保产业的快速和长远发展。政府可鼓励并支持绿色环保产业充分发挥其自身优势，同时带动其他多个产业实现有效互动，促使农村特色产业和多产业融合向更节能环保的方向发展。政府应为绿色环保产业提供更加公平公正的市场环境，以维护市场的有序竞争，让绿色环保产业能够合法为农村生态环境治理提供各种相应的设施和服务，并由此形成新的农村生态环境治理模式。

3. 发展生态科技

人类为了寻求自身更好的生存和发展空间，就需要发现自然。而科学技术就是人类发现自然最为有效的工具。中国传统文化和马克思主义都提倡人类以遵循自然规律的方式来改造自然，农村生态环境治理法治化便是依照自然规律，对自然进行改造的有力方式。在对自然利用和改造的过程中，依照自然规律，并运用有利于人与自然和谐发展的科学技术，即生态科技。若只是单纯满足人的物质需求，实现经济社会发展目标，使用对自然环境有害的技术，则是非生态的。

政府制定生态科技发展规划，发展有利于农村生态环境保护的科技，能更好地将农村经济发展与农村生态环境保护紧密连接，这需要做到三个立足。

（1）立足节约自然成本。现代化的生产和生活需要各种原材料，需要消耗大量资源，而自然界所能提供的资源有限，不能无限制地为人类提供。基于此，在发展生态科技时，就需要倡导发展节约自然成本的科

农村生态环境多元共治主体协同治理的实现机制

技。借助生态技术，种植业可培育出特效种子和优质种子、改善灌溉方式、实施间种栽培或套种栽培等，在节水、节地、节肥的条件下，实现作物的高产、丰产。借助生态技术，在工业生产中可生产绿色产品，做到资源有效节约，减少废弃物排放，实现资源的循环利用。

（2）立足产业结构优化。对产业结构进行优化，能够最大限度地节约能源及其他资源，保护农村生态环境。在多产业融合和绿色环保产业发展的过程中，均需要借助生态科技。对产业结构进行优化有助于促进生态科技水平的提升。先要对生态技术的发展进行科学、合理的规划，借助多方面的科技体系进行支持和保障，同时要保证多产业融合，以保证环保产品得到有效供给，以及环保服务体系得到高效运转。

（3）立足真实的消费需求。想要更好地发展生态经济，提高生态科技水平，需要侧重于生产端，同时更要侧重于消费端，要从消费者的真实需求出发。有时并非农村居民的绿色消费意识不够，而是绿色产品和服务的供给不足。例如，在农村地区，烟花爆竹有较大的市场，但烟花爆竹会对大气造成严重的污染，不利于农村地区的生态环境保护。而借助生态技术，对烟花爆竹的成分进行改进和调整，去除其主要的污染成分，保留其庆祝功能，则能起到更为有效的作用。

在绿色环保农药和肥料的研发和生产中，生态技术也能发挥重要作用。农村居民在农业生产中对农药和肥料的需求量很大，肥料能有效改善土壤肥力，农药能消除农作物病虫害。基于此，需要有针对性地研发环保、高效的产品，以替代高毒、高污染化学制品，满足农业生产对绿色环保的要求，实现农村生态环境保护的目标。生态科技既是生态经济的主要推动力，也是农村生态环境治理的重要支撑部分。

### （三）发展生态政治

农村地区的政治制度制定和政治决策过程中，难免会出现一些生态环境保护意识缺失或实施不力的情况，这就会导致一系列农村生态环境问题。农村地区的生态政治需要与当地的政治理念、政治活动及生态环境保护行动协同起来，切实维护人与自然的和谐发展，共同维护一个良好的农村生态环境。

在推进农村生态环境治理法治化的过程中，通过法治手段提升生态政治的水平和质量，能够为农村生态环境治理提供更为坚实和全面的制度保障。从本质上来看，农村地区发展生态政治的过程，就是农村生态环境治理法治化的过程。

1.形成生态环境与政治协同发展的意识

在以往的发展中，生态环境为经济发展服务，而生态环境在自身发展等方面推动力不足，致使生态环境受到影响。生态政治与农村生态环境之间存在着密不可分的关联。一方面，发展生态政治能够促进农村生态环境的发展；另一方面，农村生态环境的良性发展反过来促进生态政治的长远发展。

单就生态政治来说，农村生态环境想要发展，政府需要树立起生态政治为生态环境服务的意识，制定相应的政策和制度，以有利于生态社会、生态经济、生态文化的发展，从多个维度和多个方面保障生态环境的健康发展。

从农村生态环境发展促进政治发展来看，良好的农村生态环境是政治趋向生态、健康、民主等方向发展的产物。良好的农村生态环境还有利于国内经济社会的稳定，是我国在国际生态实力发展中始终保持领先的重要前提。

形成生态环境与政治协同发展的意识，需要制定健全的终身学习制度，让从政者牢固树立政治与生态环境协同发展的意识，同时运用政府绩效评价标准改革的方式，促使政府积极承担起农村生态环境保护的重要责任。从实践层面来说，要根据具体情况，在政绩考核中适当增加环境考核的占比，对公职人员实行更为严格的生态环境追责制度。利用环境职能考核和追责等举措，可以促使相关部门最大限度地保护农村地区生态环境，为农村居民营造更加美好的生产生活环境。

2.推动农村生态环境法治化建设

农村地区发展生态政治，需要当地形成政治与生态环境保护协同发展的意识，同时更应不断推进农村生态环境法治化建设的进程。这是推进农村生态环境治理法治化进程的要求，也是政府的职责所在。

（1）推动农村居民强化法律意识。在农村地区推进法治化进程，先要让农村居民具有法治意识。基于此，要对农村法治普及和教育工作进行全面而系统的规划，不断强化法治教育方式，将法治教育纳入当地学校教育体系中，以提升民众法治意识。农村生态环境治理的各项工作均要以法治思维为根本指导，融入法治化观念，应通过不断实践，进一步强化农村居民的法治意识。从长远考虑，法治化思维的培养要从小抓起，从一点一滴做起。为更好地营造良好的法治氛围，从科学立法到全民守法，从依法执政到依法行政，各方面工作均要与法治思想相融合。

（2）完善法律制度。农村生态环境法治化建设需要完善相关法律制度，奠定坚实的制度基础。真正意义上的法治是良法善治，拥有良法，需要让良法的精神体现在法律体系中。农民自身的生存和发展需要有力的保障，并且在法律不断完善的过程中需要坚持代际公平、区域公平、城乡公平。

公共环境利益主要分为两类：生态性环境利益和资源性环境利益。关于农村资源节约与生态环境保护的相关制度要不断完善，如耕地保护制度、畜禽粪便资源化制度、节约用水制度、秸秆还田制度、生活垃圾分类处理利用制度、农村环境保护公共服务制度、环境责任制度、发展循环经济的制度等。为确保各种制度的有效且高效运行，还需深入落实群众路线，对制度进行创新，吸纳各方意见，完善制度运行的体制机制。

（3）提升法治人员的能力与素质。法治人员的能力与素质不断提升，农村生态环境法治化才能获得扎实的实践基础。作为农村生态环境法治化向前推进的主要力量，法治人员的法律素养直接影响着农村生态环境法治化水平。有关部门可采取多种举措：制订法治人员培训专项计划，组织专项交流学习、专项技能培训、专业教育等方式。通过这些举措，法治人员在农村生态环境立法、司法、执法等方面的能力与素质会得到极大提升。一方面可以组织法治方面的教育、学习等活动，另一方面还可针对法治人员的专业能力与素质安排常规性的考核，可通过年终考核、技能大赛、资质审查等方式，激励法治人员提升能力与素质。

3. 关注公民参与农村生态环境治理行为

生态环境利益具有较强的公共性，发展生态政治必须更关注公民的参与积极性。以往的自上而下的决策方式要进行相应的调整和革新，坚持走群众路线，以群众为出发点，来制定生态环境相关的政策。除上述内容外，生态环境相关决策内容均要深入群众的具体实践中，由实践检验决策内容的有效性、科学性及合理性。归根结底，就是将"一切为了群众""一切依靠群众"的思想路线落实到农村生态环境治理法治化的实际问题上。

公民参与农村生态环境治理是《中华人民共和国环境保护法》所赋予的神圣权利。在《中华人民共和国环境保护法》第五章"信息公开和公众参与"中有具体规定："公民、法人和其他组织依法享有获取环境信息、参与和监督环境保护的权利。各级人民政府环境保护主管部门和其他负有环境保护监督管理职责的部门，应当依法公开环境信息、完善公众参与程序，为公民、法人和其他组织参与和监督环境保护提供便利。"

（1）理念认同。公民参与农村生态环境治理活动时，不应当只受限于其外在形式，而应更关注其治理成效。若想真正收获实效，先要在理念上认同公民参与农村生态环境治理活动的重要性和必要性。具体来说，这包含三个方面内容。

第一，农村生态环境是一个复杂的问题，单靠一方力量很难获得全面而系统的信息，需要借助广大公民的参与，集思广益。想要更好、更全面地解决农村生态环境问题，必须以群众为基础，借助群众的智慧。

让群众参与农村生态环境有关决策的制定过程。

第二,农村生态环境问题并非孤立存在,其与每一个村镇企业、与每一个农村地区的产业、与每一位农村居民均有着至关重要的关系。每一个与农村生态环境问题相关的利益相关方都有义务为农村生态环境尽自己的一分努力。农村生态环境治理工作的推进,需要对农村地区生态环境施以各种保护措施,节约资源,从社会、经济、文化、政治等多方面集思广益,争取一切有关农村生态环境决策的制定都有农村居民的参与。

第三,有一些决策者对农村生态环境治理工作的认知存在一定偏差,认为该项工作由普通公民参与是一种耗时耗力且投入产出比不高的事情。这种错误的想法长时间以来影响着农村生态环境治理工作的推进。尽管前期的公民参与可能会增加政策出台成本,但是后期的执行效果将会大大增强。最重要的是,真正有利于农村生态环境保护的一切政策都是为了人民群众的,主要决策者为此付出一些时间和精力是值得的。如果为公民参与做好充分的准备,是可以节省大量成本的,而环境破坏后的修复则会花费更多的成本,甚至耗费几代人的时间。

(2)为公民参与做好各方面准备。公民参与的首要步骤是根据具体的生态环境问题,明确参与的主体。在生态环境保护标准的制定中,若涉及高度的专业知识,公民参与可限定在具备专业知识的专家和团体范围内,以确保讨论的专业性和深度。在处理具体的环境问题,如农村居民如何践行绿色消费以及如何保护农村生态环境时,则需广泛吸纳农村居民参与,以此来确保所采取措施的实用性和广泛接受性。在涉及企业的节能减排以及绿色产品和服务的提供方面,则需吸引来自不同行业的代表参与讨论,以保证方案的全面性和创新性。

为了保障公民的有效参与,必须公开相关信息,并为公民提供必要的信息支持。这种透明度不仅有助于增强公民的信任感,还能提升他们参与的意愿和质量。提供技能培训至关重要,培训应涵盖环境保护的基础知识以及具体技能,从而使公民的参与更加专业和有效。采用多样化的参与方式也极为关键,包括随机电话咨询、问卷调查、网络论坛、公民听证会和团体咨询等多种形式。多样化的参与方式可以满足不同群体的需求,增加参与的便利性,同时最大限度地收集和整合多方面的意见和建议。

在信息时代,网络平台的使用极大地降低了参与成本,并打破了时间和空间的限制。高度重视网络参与的推进显得尤为重要。要制定相应的政策和措施,确保网络参与不仅仅是停留在表面,而是能够真正形成有助于政策制定和问题解决的建议。网络参与应基于合作的精神,鼓励公民深入探讨问题,并提出切实可行的解决方案。

(3)将参与结果转化为具体实践。公民参与的根本目的在于形成科学有效的决策,并将其转化为实际行动,以改善农村生态环境。这需要所有参与者,特别是决策者,高度重视公民参与的结果,并将其内化于法治化的治理实践中。有效的公民参与与实施者的群众路线意识、执行素质和能力密切相关,同时需要相关部门的积极配合和支持。只有当实施者具备高素质且政府部门给予足够支持时,公民参与的结果才能有效地转化为具体实践。真正有效的公民参与还需提升农村生态环境治理的主体能力,尤其是提高农村居民在生态环境保护方面的能力。农村居民作为农村生态环境保护的主体力量,其参与程度和效果直接影响农村生态环境的治理水平。

### (四)发展生态社会

社会,通常而言特指人类社会,而人则是构成这一社会的基本要素。在面对农村生态环境问题时,除了自然界本身的变化外,更多的问题实则源于人类行为的不当。

发展生态社会的核心,在于培育具有生态意识的公民群体,使他们能够通过日常行为彰显对自然的尊重与保护。这要求人们从教育、文化等多个维度出发,全面提升公众的生态意识。

教育作为基石,需通过学校和社会教育体系的完善,系统地向公民传授生态保护的重要性,并教育他们如何在日常生活中践行环保理念。

文化的力量同样不容忽视。生态文化的培育可通过媒体宣传、公共活动以及社区教育等多种途径进行。通过文化活动的广泛推广,增强公众对生态问题的关注度,引导公众改变消费模式和生活方式,从而在根本上提升社会整体的生态文明水平。

在生态社会发展的过程中,还需特别关注农村地区的特殊性。农村是自然环境与人类活动交织最为紧密的区域,因此在这些地区推广生态社会的理念显得尤为重要。这包括推动农村绿色技术的普及与应用、改进农业生产方式、提升农村能源的利用效率等具体措施。通过这些努力,不仅可以直接改善农村生态环境,还能提高农民的生活质量和生态保护能力。发展生态社会还需国家层面的战略规划和政策支持。政府应在国家经济和社会发展规划中,将生态文明建设作为核心内容,确保各项生态保护措施得到有效实施。这涵盖了资金投入、政策制定、监管体系建设等多个方面,旨在构建一套完善的生态社会发展框架。

公众参与也是生态社会发展不可或缺的一环。只有当公众真正投身于生态保护的实践中,生态社会的理念才能深入人心。为此,政府和非政府组织等各方需共同努力,通过组织生态保护项目、开展公众教育活动等方式,鼓励和引导公众参与生态保护事业。

1. 人与自然的和谐发展

人类与自然界的关系,自远古时代至今,一直处于不断演变之中。在原始社会,人类对自然界怀有深深的敬畏与崇拜,这种情感在他们的日常生活与文化仪式中得到了充分展现。当人类生活在自然的怀抱中时,对雷电、风雨等自然力量持有敬畏之心。随着农业社会的到来,人类开始更多地利用与改造自然,但仍保留着对自然的尊重与感激之情。

工业社会的兴起标志着人与自然关系的根本性转变。科技的飞速发展推动了自然资源的大规模开发,自然界逐渐被视作取之不尽的物质财富源泉。在这一时期,人类活动对自然界造成了前所未有的破坏:森林被大面积砍伐,矿产被过度开采,河流遭受污染,生物多样性面临巨大威胁。

面对日益严峻的农村生态环境问题,重新审视人与自然的关系显得尤为重要。农村地区作为自然与人类活动交织最为紧密的区域,其生态环境的健康状况直接关系到农业生产的可持续性与农民的生活质量。

完善废品回收利用制度,是减少农村生态环境污染的有效手段。通过推广垃圾分类与回收,不仅可以减少垃圾堆积现象,还能实现废弃物的资源化利用,降低对新资源的依赖。建立健全废旧塑料、金属、纸张等回收体系,可以显著降低这些材料对环境的负面影响。制定农业节水制度同样至关重要。在水资源日益紧张的当下,提高用水效率、减少水资源浪费,对于保障农业可持续发展具有重要意义。可以通过推广滴灌、喷灌等现代节水灌溉技术,优化灌溉系统,减少农田水分的蒸发与渗漏,来提升水资源的利用效率。

推动生物质能转化制度的完善是提高农村能源利用效率的重要举措。农村地区丰富的农业废弃物,如秸秆、动物粪便等,可通过生物质技术转化为沼气等清洁能源。这不仅能够减少环境污染,还能为农村地区提供稳定的能源供应,促进能源结构的优化升级。

完善粪便堆肥制度可以有效地将农户的动物粪便转化为高效的有机肥料。这种做法既能减少化肥的使用量,减轻对环境的压力,又能提高土壤的肥力,促进作物的健康生长。通过提供教育和技术支持,鼓励农户采用清洁、高效的堆肥技术,可以进一步推动农村生态循环农业的发展。

2.人与人的和谐发展

人与自然的和谐发展不仅是一个生态学议题,而且深深植根于社会关系的和谐之中。认识到自然界的承载能力与资源的有限性,人们更可能摒弃无休止的物质追求，转而探寻一种更为深刻的人生意义。这种人生追求不仅着眼于物质的丰盈，更重视精神的充实，致力实现和谐的身心状态、人际关系以及代际关系，这体现了人与人之间和谐发展的深层次需求。

在当今社会，尤其是农村地区，生态环境所面临的挑战往往与资源分配的不均衡、社会贫富差距的扩大紧密相连。这些问题的存在，不仅危害了自然环境，也破坏了社会稳定。为切实解决这些问题，构建一个和谐的生态社会显得尤为迫切，这要求人们从根源上消除社会中的对立与冲突，促进社会公正与平等。推动农村和谐邻里关系的构建，是实现社会和谐的有效路径之一。通过组织多样化的社区活动，如文化节、体育竞赛与节日庆典等，能够增强社区成员间的联系，促进彼此的了解与信任。社区内部的紧密交流有助于形成一种基于相互尊重与理解的社区文化，进而推动整个社会的和谐发展。

教育与宣传在推动社会与自然和谐方面发挥着至关重要的作用。借助学校教育、社区讲座及媒体宣传等手段，普及自然保护的知识与重要性，可以显著提升公众对生态问题的认知与关注度。在农村地区，促进本地居民与外来人口的和谐共生，同样是实现社会和谐的重要举措。随着经济的发展，大量外来人口涌入农村地区，这既带来了劳动力与新鲜思想，也可能引发文化与资源的竞争。通过联谊会、互助小组等形式，可以使新旧居民建立联系，增进相互理解与支持，共同参与村庄发展与环境保护。

加强法律制度的建设与执行，对于维护社会和谐与生态平衡同样具有重大意义。通过法律手段规范人们的行为，保护环境资源，确保资源的公平分配，可以有效遏制资源的过度开发与环境的破坏。法律的严格执行不仅保障了社会公平，也维护了生态平衡。

3.持续培育生态人

人类作为生态社会发展的核心要素，在构建和谐的人与自然关系及

## 第七章 农村生态环境多元共治主体协同治理的具体实践

人际关系中发挥着不可替代的作用。生态人概念的提出，旨在培育一种既尊重自然又促进社会和谐的个体，此类个体在其生产与消费实践中均展现出对环境的关怀及对社会的责任感。培养具备这些特质的生态人，尤其是生态农村居民，成为推动农村生态社会发展的关键所在。

教育系统作为生态人培养的主要阵地，发挥着举足轻重的作用。将生态环境保护教育融入基础教育体系，意味着从小学至高中各教育阶段均需重视生态保护知识与价值观的传授。这种教育不仅关乎学科知识的传授，更是一种生活方式与思维方式的培育。学生通过此类教育，能够树立起尊重自然、爱护环境的意识，并在成长过程中自然而然地将这种意识转化为实际行动，成为农村生态环境保护的重要力量。高等教育机构开设环境保护相关专业，既能培养具备专业知识的环境保护人才，也为推动农村生态环境治理的法治化进程提供了技术与人力支撑。

家庭作为生态人培养的基础单元，其影响力同样不容忽视。通过组织家庭成员参与环境保护活动，如秸秆回收、畜禽粪便资源化利用以及生活垃圾减量与分类处理等，家庭成员能够在日常生活中践行生态保护的具体举措。这种以家庭为单位的生态教育，不仅增强了家庭成员间的联系，也使家庭成为传承生态环保理念的关键环节。家庭内部的实践活动，能够有效地将生态保护理念转化为每个家庭成员的自觉行动，进而在社会范围内形成广泛的生态环保影响力。

社会层面的生态人培育则更为广泛且深入。通过实施激励政策，如税费减免、资金扶持等，可以鼓励并激励企业与个人从经济人向生态人转变。这种转变不限于形式与名义上的调整，还包括深层次的价值观与行为方式的重塑。为环保从业人员及研究者提供良好的工作与研究条件，能够促进他们在环保技术、产品开发及服务领域的不断创新与提升。这些人才的努力将直接提升农村地区的生态环境治理水平，推动农村生态环境保护法治建设进程，为农村地区的生态环境保护提供科学的方法与技术支撑。

# 参考文献

[1] 周县华,范庆泉,张同斌,等.环境公共治理多主体协同模式研究[M].北京:经济科学出版社,2018.

[2] 王冰.博弈视角下跨区域生态环境协同治理机制研究[M].成都:电子科技大学出版社,2020.

[3] 王凤鸣,袁刚.京津冀政府协同治理机制创新研究[M].北京:人民出版社,2018.

[4] 代应,景熠,宋寒.区域大气污染协同治理关系的影响机理及均衡机制[M].北京:科学出版社,2020.

[5] 范逢春.农村公共服务多元主体协同治理机制研究[M].北京:人民出版社,2014.

[6] 向俊杰.我国生态文明建设的协同治理体系研究[M].北京:中国社会科学出版社,2016.

[7] 花明,陈润羊,华启和.新农村建设:环境保护的挑战与对策[M].北京:中国环境出版社,2014.

[8] 哈肯.协同学:大自然构成的奥秘[M].凌复华,译.上海:上海译文出版社,2001.

[9] 沈宗灵.法理学[M].北京:高等教育出版社,1994.

[10] 霍尔巴赫.自然的体系[M].管士滨,译.北京:商务印书馆,1964.

[11] 卡蓝默.破碎的民主:试论治理的革命[M].高凌瀚,译.北京:生活·读书·新知三联书店,2005.

[12] 彭华民等.西方社会福利理论前沿:论国家、社会、体制与政策[M].北京:中国社会出版社,2009.

[13] 古特曼,汤普森.民主与分歧[M].杨立峰,葛水林,应奇,译.北京:

东方出版社，2007.

[14] 奥尔森.集体行动的逻辑[M].陈郁，郭宇峰，李崇新，译.上海：格致出版社，1995.

[15] 亚里士多德.政治学[M].吴寿彭，译.北京：商务印书馆，1965.

[16] 奥斯特罗姆.公共事物的治理之道：集体行动制度的演进[M].余逊达，陈旭东，译.上海：上海三联书店，2000.

[17] 克罗齐耶，费埃德伯格.行动者与系统：集体行动的政治学[M].上海：上海人民出版社，2007.

[18] 毛泽东.毛泽东文集：第七卷[M].北京：人民出版社，1999.

[19] NISKANEN W.Bureaueracy and representative government[M].New York：Routledge，1971.

[20] LEAT D，SETZLER K.Towards holisticgovernance：the new reform agenda[M].Basingstoke：Palgrave，2002.

[21] GIESEKE T.Collaborative environmental governance frameworks：a practical guide[M].Boca Raton：CRC Press，2019.

[22] JOHN T S，BRUCE S.Adaptive governance and water conflict：new institutions for collaborative planning[M].New York：Routledge，2005.

[23] 郑巧，肖文涛.协同治理：服务型政府的治道逻辑[J].中国行政管理，2008（7）：48-53.

[24] 李汉卿.协同治理理论探析[J].理论月刊，2014（1）：138-142.

[25] 黄思棉，张燕华.国内协同治理理论文献综述[J].武汉冶金管理干部学院学报，2015，25（3）：3-6.

[26] 于飞.多主体协同治理机制探析[J].学理论，2015（1）：53-54，57.

[27] 刘伟忠.我国协同治理理论研究的现状与趋向[J].城市问题，2012（5）：81-85.

[28] 李辉，任晓春.善治视野下的协同治理研究[J].科学与管理，2010，30(6)：55-58.

[29] 张平, 隋永强. 一核多元: 元治理视域下的中国城市社区治理主体结构 [J]. 江苏行政学院学报, 2015（5）: 49-55.

[30] 郁建兴, 任泽涛. 当代中国社会建设中的协同治理: 一个分析框架 [J]. 学术月刊, 2012, 44（8）: 23-31.

[31] 杨华锋. 协同治理的行动者结构及其动力机制 [J]. 学海, 2014（5）: 35-39.

[32] 严燕, 刘祖云. 风险社会理论范式下中国"环境冲突"问题及其协同治理 [J]. 南京师大学报（社会科学版）, 2014（3）: 31-41.

[33] 李礼, 孙翊锋. 生态环境协同治理的应然逻辑、政治博弈与实现机制 [J]. 湘潭大学学报（哲学社会科学版）, 2016, 40（3）: 24-29.

[34] 朱新林, 曹素芳, 陆豪. 小城镇多元小集体协同治理的行动逻辑: 以湖北省武汉市凤凰镇生态治理为例 [J]. 湖北社会科学, 2018（6）: 72-78.

[35] 周伟. 生态环境保护与修复的多元主体协同治理: 以祁连山为例 [J]. 甘肃社会科学, 2018（2）: 250-255.

[36] 卓成霞. 大气污染防治与政府协同治理研究 [J]. 东岳论丛, 2016, 37（9）: 183-187.

[37] 周伟铎, 庄贵阳, 关大博. 雾霾协同治理的成本分担研究进展及展望 [J]. 生态经济, 2018, 34（3）: 147-155.

[38] 卢青. 区域环境协同治理内涵及实现路径研究 [J]. 理论视野, 2020（2）: 59-64.

[39] 赵树迪, 周显信. 区域环境协同治理中的府际竞合机制研究 [J]. 江苏社会科学, 2017（6）: 159-165.

[40] 田玉麒, 陈果. 跨域生态环境协同治理: 何以可能与何以可为 [J]. 上海行政学院学报, 2020, 21（2）: 95-102.

[41] 司林波, 王伟伟. 跨行政区生态环境协同治理绩效问责机制构建与应用: 基于目标管理过程的分析框架 [J]. 长白学刊, 2021（1）: 73-81.

[42] 胡中华. 关于完善环境区域协同治理制度的思考 [J]. 法学论坛, 2020,

35（5）：29-37.

[43] 肖萍，卢群.跨行政区协同治理"契约性"立法研究：以环境区域合作为视角[J].江西社会科学，2017，37（12）：173-181.

[44] 余敏江.论区域生态环境协同治理的制度基础：基于社会学制度主义的分析视角[J].理论探讨，2013（2）：13-17，2.

[45] 王家庭，曹清峰.京津冀区域生态协同治理：由政府行为与市场机制引申[J].改革，2014（5）：116-123.

[46] 乔花云，司林波，彭建交，等.京津冀生态环境协同治理模式研究：基于共生理论的视角[J].生态经济，2017，33（6）：151-156.

[47] 郭雪慧，李秋成.京津冀环境协同治理的法治路径与对策[J].河北法学，2019，37（10）：190-200.

[48] 王娟，何昱.京津冀区域环境协同治理立法机制探析[J].河北法学，2017，35（7）：120-130.

[49] 潘静，李献中.京津冀环境的协同治理研究[J].河北法学，2017，35（7）：131-138.

[50] 汪泽波，王鸿雁.多中心治理理论视角下京津冀区域环境协同治理探析[J].生态经济，2016，32（6）：157-163.

[51] 王俊敏，沈菊琴.跨域水环境流域政府协同治理：理论框架与实现机制[J].江海学刊，2016（5）：214-219，239.

[52] 许光建，卢允子.论"五水共治"的治理经验与未来：基于协同治理理论的视角[J].行政管理改革，2019（2）：33-40.

[53] 郭珉媛，牛桂敏，杨志.京津冀水环境协同治理的实践与经验[J].环境保护，2019，47（19）：51-55.

[54] 芮晓霞，周小亮.水污染协同治理系统构成与协同度分析：以闽江流域为例[J].中国行政管理，2020（11）：76-82.

[55] 刘华军，雷名雨.中国雾霾污染区域协同治理困境及其破解思路[J].中国人口·资源与环境，2018，28（10）：88-95.

[56] 杜雯翠,夏永妹.京津冀区域雾霾协同治理措施奏效了吗?——基于双重差分模型的分析[J].当代经济管理,2018,40(9):53-59.

[57] 赵志华,吴建南.大气污染协同治理能促进污染物减排吗?——基于城市的三重差分研究[J].管理评论,2020,32(1):286-297.

[58] 孙振清,李欢欢,刘保留.空间外溢视角下的区域碳减排与环境协同治理:基于京津冀部分地区面板数据分析[J].调研世界,2020(12):10-16.

[59] 王丽琼,李子蓉,张云峰.乡村振兴战略下农村环境协同治理关键因素识别研究[J].中国生态农业学报(中英文),2019,27(2):227-235.

[60] 李宁.协同治理:农村环境治理的方向与路径[J].理论导刊,2019(12):78-84.

[61] 宋琳琳.乡村振兴视域下农村生态环境网络协同治理研究[J].农业经济,2020(5):40-41.

[62] 范逢春,李晓梅.农村公共服务多元主体动态协同治理模型研究[J].管理世界,2014(9):176-177.

[63] 叶大凤,马云丽.农村环境污染协同治理机制探析:以广东M市为例[J].广西民族大学学报(哲学社会科学版),2018,40(6):30-36.

[64] 张丽丽,毛庆,赵婷.生态共享与共治理念下的京津冀农村生态环境协同治理机制与对策[J].农业经济,2019(12):9-11.

[65] 李国锋."绿色发展"视域中农业面源污染协同治理初探:基于山东省的调查分析[J].农业经济,2017(9):6-8.

[66] 罗福周,李静.农村生态环境多主体协同治理的演化博弈研究[J].生态经济,2019,35(10):171-176,199.

[67] 池忠军.西方治理理论的公共哲学批判性诠释[J].南京师大学报(社会科学版),2017(1):36-45.

[68] 陈润羊.新农村环境保护:国外经验借鉴和启示[J].世界农业,2011(12):21-26.

[69] 于善波.基于农户视角的东北粮食主产区农村生态环境管理:现状、机

制与对策 [M]. 北京：经济科学出版社，2012.

[70] 张文明. "多元共治"环境治理体系内涵与路径探析 [J]. 行政管理改革，2017（2）：31-35.

[71] 王名，蔡志鸿，王春婷. 社会共治：多元主体共同治理的实践探索与制度创新 [J]. 中国行政管理，2014（12）：16-19.

[72] 余亚梅，唐贤兴. 协同治理视野下的政策能力：新概念和新框架 [J]. 南京社会科学，2020（9）：7-15.

[73] 廖娟. 论公共政策与统计法的协调 [J]. 理论界，2013（2）：117-119.

[74] 曾志敏，李乐. 论公共理性决策模型的理论构建 [J]. 公共管理学报，2014，11（2）：1-12，15，139.

[75] 何颖. 建设服务型政府的几点思考 [J]. 青海社会科学，2004（5）：8-13，73.

[76] 张贤明，田玉麒. 论协同治理的内涵、价值及发展趋向 [J]. 湖北社会科学，2016（1）：30-37.

[77] 司林波，聂晓云，孟卫东. 跨域生态环境协同治理困境成因及路径选择 [J]. 生态经济，2018，34（1）：171-175.

[78] 张贤明，田玉麒. 论协同治理的内涵、价值及发展趋向 [J]. 湖北社会科学，2016（1）：30-37.

[79] 张讯. 地方政府购买服务存在的问题及对策研究：基于对济南市政府购买服务的调查与分析 [J]. 山东行政学院学报，2015（6）：110-115.

[80] 张倩. 重大行政决策法治化路径探究 [J]. 湖北社会科学，2016（1）：158-165.

[81] 李祖佩，梁琦. 资源形态、精英类型与农村基层治理现代化 [J]. 南京农业大学学报（社会科学版），2020，20（2）：13-25.

[82] 周旺生. 论法律利益 [J]. 法律科学（西北政法学院学报），2004（2）：24-28.

[83] 江必新，王红霞. 法治社会建设论纲 [J]. 中国社会科学，2014（1）：

140-157，207-208.

[84] 常桂祥.法律信仰：法治国家之灵魂[J].齐鲁学刊，2005（2）：140-144.

[85] 张文显.习近平法治思想研究：下：习近平全面依法治国的核心观点[J].法制与社会发展，2016，22（4）：5-47.

[86] 曲纵翔，吴清薇.复合治理框架下整体性治理的精准性拓展[J].内蒙古社会科学，2020，41（1）：24-31.

[87] 竺乾威.从新公共管理到整体性治理[J].中国行政管理，2008（10）：52-58.

[88] 刘孝阳.从碎片化到整体性：农村环境治理现代化进路[J].山西高等学校社会科学学报，2020，32（12）：18-25.

[89] 王立军，夏志强.效率与效果：从专业化到整体性治理：兼论整体性治理理论在中国语境中的适应性[J].云南行政学院学报，2020，22（6）：145-153.

[90] 张金俊.我国农村环境政策体系的演进与发展走向：基于农村环境治理体系现代化的视角[J].河南社会科学，2018，26（6）：97-101.

[91] 姜懿翀.国家机构改革启幕[J].中国民商，2018（4）：18-25.

[92] 胡象明，唐波勇.整体性治理：公共管理的新范式[J].华中师范大学学报（人文社会科学版），2010，49（1）：11-15.

[93] 曾凡军.政府组织功能碎片化与整体性治理[J].武汉理工大学学报（社会科学版），2013，26（2）：235-240.

[94] 解亚红."协同政府"：新公共管理改革的新阶段[J].中国行政管理，2004（5）：58-61.

[95] 徐鸣.整体性治理：地方政府市场监管体制改革探析：基于四个地方政府改革的案例研究[J].学术界，2015（12）：217-222.

[96] 杨涛.从自主自治到复合共治的逻辑演变[J].云南行政学院学报，2014，16（2）：92-96.

[97] 陈艳敏.多中心治理理论：一种公共事物自主治理的制度理论[J].新疆社科论坛，2007（3）：35-38.

[98] 赵凯，刘冬晴，张曼莉.农村环境连片整治长效机制的建构[J].辽宁行政学院学报，2013，15（5）：18-19，22.

[99] 王兴伦.多中心治理：一种新的公共管理理论[J].江苏行政学院学报，2005（1）：96-100.

[100] 汤英.基于多中心治理理论的农村医疗改革创新[J].生产力研究，2010（12）：52-53，57.

[101] 魏波.多主体多中心的社会治理与发展模式[J].社会科学，2009（8）：79-84，189.

[102] 俞可平.善政：走向善治的关键[J].当代中国政治研究报告，2004（0）：16-22，5.

[103] 李红梅.如何在可持续发展中争得环境权?[J].环境保护，2010（16）：43-44.

[104] 王碧玉.农村反贫困对策研究[J].商业研究，2007（12）：161-163.

[105] 冯阳雪，徐鲲.农村生态环境治理的政府责任：框架分析与制度回应[J].广西社会科学，2017（5）：125-129.

[106] 萧鸣政.非营利组织人力资源管理的几个发展方向：基于非营利组织特征的思考[J].中国人力资源开发，2007（7）：72-74.

[107] 魏向前.协同治理：破解区域发展碎片化难题的有效路径[J].天津行政学院学报，2016，18（2）：34-40.

[108] 李远，王晓霞.我国农业面源污染的环境管理：背景及演变[J].环境保护，2005（4）：23-27.

[109] 段武德.农牧渔业部环境保护委员会正式成立并举行第一次会议[J].农业环境科学学报，1985（4）：1.

[110] 金书秦，韩冬梅.我国农村环境保护四十年：问题演进、政策应对及机构变迁[J].南京工业大学学报（社会科学版），2015，14（2）：71-78.

[111] 胡文婧.公众参与视域下我国农村生态环境治理政策研究[J].农业经济，2015（10）：89-90.

[112] 郝丽霞.乡村振兴背景下乡村治理路径选择：以渭南市为例[J].知识经济，2019（24）：6-7.

[113] 国家发展改革委，生态环境部.国家发展改革委 生态环境部关于进一步加强塑料污染治理的意见[J].再生资源与循环经济，2020，13（2）：1-2.

[114] 国务院.国务院关于落实科学发展观加强环境保护的决定[J].环境与可持续发展，2006（2）：1-5.

[115] 郑石明，吴桃龙.中国环境风险治理转型：动力机制与推进策略[J].中国地质大学学报（社会科学版），2019，19（1）：11-21.

[116] 吕凯波.生态文明建设能够带来官员晋升吗？——来自国家重点生态功能区的证据[J].上海财经大学学报，2014，16（2）：67-74.

[117] 王东，王木森.多元协同与多维吸纳：社区治理动力生成及其机制构建[J].青海社会科学，2019（3）：126-131，141.

[118] 周欣.法治政府监管能力[J].法制与社会，2017（26）：115-116.

[119] 胡宁生，戴祥玉.地方政府治理创新自我推进机制：动力、挑战与重塑[J].中国行政管理，2016（2）：27-32.

[120] 张雪.跨行政区生态治理中地方政府合作动力机制探析[J].山东社会科学，2016（8）：165-169.

[121] 刘军.新农村生态环境治理的管理措施[J].魅力中国，2016（13）：179.

[122] 刘永红，聂应德.论政府信用及其建构[J].云南社会科学，2004（3）：15-19.

[123] 苏明.科学划分事权 推进财政改革[J].中国党政干部论坛，2015（10）：29-31.

[124] 侣传振.互联网时代农村协同治理模式、演进逻辑与路径选择[J].湖南农业大学学报（社会科学版），2019，20（6）：31-37.

[125] 黄晓春.技术治理的运作机制研究：以上海市 L 街道一门式电子政务中心为案例 [J]. 社会，2010，30（4）：1–31.

[126] 颜海娜.技术嵌入协同治理的执行边界：以 S 市"互联网+治水"为例 [J]. 探索，2019（4）：144–155.

[127] 吴春梅，庄永琪.协同治理：关键变量、影响因素及实现途径 [J]. 理论探索，2013（3）：73–77.

[128] 邓玲，王芳.乡村振兴背景下农村生态的现代化转型 [J]. 甘肃社会科学，2019（3）：101–108.

[129] 关键.论政府信息共享的利益机制和路径选择 [J]. 档案与建设，2010（9）：19–22.

[130] 曹姣星.生态环境协同治理的行为逻辑与实现机理 [J]. 环境与可持续发展，2015，40（2）：67–70.

[131] HARDIN G.The tragedy of the commons[J].Science，1968，162（13）：1243–1248.

[132] BINGHAM L B.The next generation of administrative law：building the legal infrastructure for collaborative governance[J].Wisconsin Law Review，2010（2）：297–356.

[133] ANSELL C，GASH A.Collaborative governance in theory and practice[J]. Journal of Public Administration Research and Theory，2008，18（4）：543–571.

[134] CULPEPPER P D.Institutional rules，social capacity，and the stuff of politics：experiments in collaborative governance in France and Italy[J]. Working Paper Series，2003（3）：3–29.

[135] IMPERIAL M T.Using collaboration as a govermance strategy：lessons from six watershed management programs[J].Administration and Society，2005，37（3）：281–320.

[136] COOPER T L，BRYER T A，MEEK J W.Citizen–centered collaborative

public management[J].Public Administration Review, 2006(66): 76-88.

[137] FISH R D, IORIS A, WATSON N M.Integrating water and agricultural management: collaborative governance for a complex policy problem[J]. Science of The Total Environment, 2010, 408(23): 5623-5630.

[138] MAY B, PLUMMER R.Accommodating the challenges of climate change adaptation and governance in conventional risk management: adaptive collaborative risk management (ACRM)[J].Ecology and Society, 2011, 16(1): 1-15.

[139] ORR C J, ADAMOWSKI J F, MEDEMA W, et al.A multi-level perspective on the legitimacy of collaborative water governance in Quebec[J].Canadian Water Resources Journal, 2016, 41(3): 353-371.

[140] RASHID M, CRAIG D, MUKUL S A, et al.A journey towards shared governance: status and prospects for collaborative management in the protected areas of Bangladesh[J].Journal Forestry Research, 2013, 24(3): 599-605.

[141] FRANCESCH-HUIDOBRO M.Collaborative governance and environmental authority for adaptive flood risk: recreating sustainable coastal cities: Theme 3: pathways towards urban modes that support regenerative sustainability[J].Journal of Cleaner Production, 2015, 107(16): 568-580.

[142] BODIN Ö.Collaborative environmental govermance: achieving collective action in social-ecological systems[J].MULTIDISCIPLINARYSCIENCES, 2017, 357(6352): 1114.

[143] BAIRD J, PLUMMER R, SCHULTZ L, et al.How does socio-institutional diversity affect collaborative governance of social-ecological systems in practice?[J].Environmental Management, 2019, 63(2):

200-214.

[144] NEWIG J, CHALLIES E, JAGER N W, et al.The environmental performance of participatory and collaborative governance: a framework of causal mechanisms[J].Policy Studies Jourmal, 2018, 46（2）: 269-297.

[145] KALLIS G, KIPARSKY M, NORGAARD R.Collaborative governance and adaptive management: lessons from California's CALFED water program[J].Environmental Science & Policy, 2009, 12（6）: 631-643.

[146] OGADA J O, KRHODA G O, VAN DER WEEN A, et al.Managing resources through stakeholder networks: collaborative water governance for Lake Naivasha basin, Kenya[J].Water International, 2017, 42（3）: 271-290.

[147] BODIN Ö, ROBINS G, MCALLISTER R, et al.Theorizing benefits and constraints in collaborative environmental governance: a transdisciplinary social-ecological network approach for empirical investigations[J].Ecology and Society, 2016, 21（1）: 1-14.

[148] LEAT D, SELTZER K, STOKER G, et al.Governing in the round: strategies for holistic government[M].London: Demos, 1999.

[149] SIX P. Joined-up government in the western world in comparative perspective: a preliminary literature review and exploration[J].Journal of Public Administration Research and Theory, 2004, 14（1）: 103-138.

[150] SIX P. Institutional viability: a neo-durkheimian theory [J].Innovation: the European Journal of Social Science Research, 2003, 16（4）: 395-415.

[151] 闫亭豫. 辽宁生态环境协同治理研究：以辽河流域协同治理为例 [D]. 沈阳：东北大学, 2016.

[152] 袁坤. 整体性治理视角下西部农村地区协同扶贫机制研究：以 L 镇综合扶贫改革试点为研究对象 [D]. 武汉：华中师范大学, 2016.

[153] 周曙东. "两型社会" 建设中企业环境行为及其激励机理研究 [D]. 长沙：

中南大学，2011.

[154] 蒋建科.我国进一步限制高毒农药使用[N].人民日报，2000-11-15（5）.

[155] 马克思，恩格斯.马克思恩格斯全集：第一卷[M].北京：人民出版社，1956.

# 附录　我国农村生态环境状况调查问卷

尊敬的先生/女士：

您好！本调查意在对农村生态环境治理情况进行测评，以更好地改善农村生态环境质量。我们承诺您的个人信息只用于本研究，绝不向外泄露您的任何隐私。本次调查大概会占用您十分钟的宝贵时间，请您根据个人的实际情况及实际感受在对应位置如实填写或勾选。

谢谢您的支持与配合！

## 一、个人基本资料

1. 您的户口所在地：_____省_____市

2. 您的年龄：_____周岁

3. 您的性别：（　）

A. 男　B. 女

4. 您的学历：（　）

A. 小学　B. 初中　C. 高中（中专）　D. 大专　E. 大学本科及以上

5. 您现在的职业：（　）

A. 农民、牧民、渔民等　　　　　B. 个体工商户、企业老板

C. 从事运输操作、瓦工、装配工、注塑工等

D. 从事商业、服务业等

E. 其他

6. 您的年收入：（　）

A. 低于1万元　　　　　B. 1万—3万元

C. 3万—5万元    D. 高于5万元

## 二、您所居住的农村生态环境状况

| 具体指标 | 评价选项 | | | | |
|---|---|---|---|---|---|
| 1.您所居住的村庄位于 | A.远离城镇 | B.临近城镇 | | | |
| 2.您认为现行农村生态环境状况 | A.非常好 | B.比较好 | C.一般 | D.不好 | E.非常不好 |
| 3.您认为现在农村生态环境状况比前几年 | A.好很多 | B.稍好些 | C.基本没变化 | D.变差了 | E.变差了很多 |
| 4.您所居住村庄的饮用水水质状况 | A.水质非常好 | B.水质较好 | C.水质一般，可直接饮用 | D.轻微浑浊，经简单处理即可饮用 | E.浑浊度较高且有异味，需经深度处理后方能饮用 |
| 5.您所居住村庄的河流、池塘水质状况 | A.水质非常好 | B.水质较好 | C.水质一般 | D.轻微浑浊，有水藻等水生生物 | E.浑浊度较高且有异味，水藻等水生生物较多 |
| 6.您所居住村庄周边雾霾天气状况 | A.没有雾霾情况 | B.一年中偶尔有雾霾 | C.一年中一半时间会有雾霾 | D.一年中多数时候会有雾霾 | E.每天都有雾霾 |
| 7.您所居住村庄空气中垃圾气味或污染气味状况 | A.没有异味 | B.一年中偶尔有异味 | C.一年中一半时间会有异味 | D.一年中多数时候会有异味 | E.每天都有异味 |
| 8.您所居住村庄森林状况 | A.森林覆盖率非常高 | B.森林覆盖率比较高 | C.森林覆盖率一般 | D.森林覆盖率较低 | E.森林覆盖率非常低 |
| 9.您所居住村庄及附近野生动物 | A.总量非常多，种类也非常多 | B.总量较多，种类也较多 | C.总量和种类均一般 | D.总量较少，种类也较少 | E.总量很少，种类也很少 |
| 10.您家的人均耕地面积状况 | A.超过3亩 | B.2—3亩 | C.1—2亩 | D.0.5—1亩 | E.低于0.5亩 |

续 表

| 具体指标 | 评价选项 | | | | |
|---|---|---|---|---|---|
| 11.您家耕地的土壤状况 | A.土质肥沃,适宜种植 | B.土质较好,比较适宜种植 | C.土质一般,种植基本不存在问题 | D.土质较差,种植存在一定问题 | E.土质很差,种植存在严重问题 |
| 12.您所居住村庄工业企业排污状况 | A.没有工业企业或有工业企业但无污染 | B.有工业企业但污染控制较好 | C.有工业企业但污染控制一般 | D.有工业企业但污染控制不好 | E.有工业企业但污染控制非常不好 |
| 13.您家在近几年少施农药的程度 | A.减少很多 | B.减少一些 | C.跟以前一样 | D.使用多一些 | E.使用更多了 |
| 14.您家在近几年少施化肥的程度 | A.减少很多 | B.减少一些 | C.跟以前一样 | D.使用多一些 | E.使用更多了 |
| 15.您家在近几年少用农膜的程度 | A.减少很多 | B.减少一些 | C.跟以前一样 | D.使用多一些 | E.使用更多了 |
| 16.您所居住村庄畜禽粪便污水处理排放状况 | A.非常好 | B.比较好 | C.一般 | D.不好 | E.非常不好 |
| 17.您所居住村庄人居与畜禽养殖分离状况 | A.非常好 | B.比较好 | C.一般 | D.不好 | E.非常不好 |
| 18.您所居住村庄清洁人员状况 | A.有专人负责,每天清扫 | B.有专人负责,隔天清扫 | C.有专人负责,3—5天清扫一次 | 有专人负责,一周以上清扫一次 | E.无专人清扫 |
| 19.农用卫生厕所普及程度 | A.非常好 | B.比较好 | C.一般 | D.不好 | E.非常不好 |
| 20.您所居住村庄危房、残破建筑等拆除状况 | A.非常好 | B.比较好 | C.一般 | D.不好 | E.非常不好 |
| 21.您所居住村庄乱堆乱放、乱贴乱画的整治状况 | A.非常好 | B.比较好 | C.一般 | D.不好 | E.非常不好 |